LA

# CINQUANTIÈME HERBORISATION GÉNÉRALE DE LA SOCIÉTÉ ROYALE DE BOTANIQUE DE BELGIQUE

## SUR LE LITTORAL BELGE

PAR

JEAN MASSART

EXTRAIT DU TOME LI
DU
BULLETIN DE LA SOCIÉTÉ ROYALE
DE BOTANIQUE DE BELGIQUE
[illegible] T. I — VOLUME [illegible]
1912

A BRUXELLES
[illegible] CHEZ R. LEBÈGUE [illegible]
[illegible]

# LA CINQUANTIÈME HERBORISATION GÉNÉRALE DE LA SOCIÉTÉ ROYALE DE BOTANIQUE DE BELGIQUE

## SUR LE LITTORAL BELGE

LA

# CINQUANTIÈME HERBORISATION GÉNÉRALE

DE LA SOCIÉTÉ ROYALE DE BOTANIQUE DE BELGIQUE

—

# SUR LE LITTORAL BELGE

PAR

J. MASSART

EXTRAIT DU TOME LI

DU

BULLETIN DE LA SOCIÉTÉ ROYALE DE BOTANIQUE DE BELGIQUE

(2e SÉRIE, T. I. — VOLUME JUBILAIRE.)

1912.

# La 50ᵉ herborisation générale

de la

# Société royale de Botanique de Belgique

## SUR LE LITTORAL BELGE

PAR

J. MASSART

A la séance du 4 février 1912, la Société royale de Botanique de Belgique décida que son herborisation annuelle aurait lieu les 23, 24 et 25 juin sur le littoral. Ce choix lui était dicté par le désir de refaire, à cinquante années de distance, la toute première herborisation, celle pendant laquelle on tint à l'hôtel de ville de Nieuport la séance où la société fut définitivement fondée.

Lorsque le soussigné fut chargé de conduire l'herborisation, son premier soin a été de relire le récit de l'herborisation de 1862 et de consulter les cartes de cette époque. Ce fut navrant : de grandes portions du littoral ont perdu tout intérêt pour le botaniste; ici parce qu'elles sont couvertes de villas, ailleurs parce qu'elles ont été livrées à la culture ou que le terrain a été affecté à quelque autre usage. Bref, c'eut été perdre son temps que de suivre au complet l'itinéraire de 1862.

Afin de rendre plus instructive la comparaison de la végétation du littoral en 1862 avec celle de 1912, il fut entendu qu'on publierait, en même temps que la relation de l'excursion actuelle, celle que Louis Piré rédigea il y a cinquante ans, et d'y ajouter des cartes du littoral en 1862 et en 1912.

En décembre 1911, notre Société avait réuni au Jardin botanique de Bruxelles les délégués d'un grand nombre de Sociétés scientifiques de

Belgique, à l'effet d'étudier, en commun, ce qu'il convient de faire pour éviter la destruction des beautés naturelles de notre pays. A la suite de cette séance, on créa la Ligue belge pour la Protection de la Nature. Les membres de la Ligue furent invités à l'herborisation sur le littoral et à la séance que les deux Sociétés tiendraient ensemble à l'hôtel de ville de Nieuport. Aucune autre excursion n'aurait pu démontrer d'une façon aussi décisive la nécessité de mesures pour la préservation de la nature. Quoi de plus frappant, en effet, qu'une région, comme les dunes entre Ostende et Westende, où aucun endroit n'est resté intact, où la géographie physique a été bouleversée à tel point que tout y est devenu artificiel, où ni le sol, ni la flore, ni la faune, n'ont rien gardé de leur aspect naturel.

# PREMIÈRE HERBORISATION GÉNÉRALE
# DE LA SOCIÉTÉ ROYALE DE BOTANIQUE DE BELGIQUE

PAR

LOUIS PIRÉ

Professeur à l'Athénée royal de Bruxelles,
Secrétaire
de la Société royale de Botanique de Belgique.

---

MESSIEURS,

Il avait été décidé, en séance générale du 1er juin dernier, que la Société de botanique de Belgique inaugurerait la série de ses excursions scientifiques par une herborisation dans les dunes de notre littoral, depuis Ostende jusqu'à Furnes. Le samedi 5 juillet, quelques botanistes, parmi lesquels je fus heureux de me trouver, arrivés la veille à Ostende, s'étaient mis en marche dans le but d'explorer les abords de l'écluse de chasse, du port, du phare et des premières dunes qui s'étendent au nord de la ville. Bien que cette excursion n'entrât point dans le programme de l'herborisation générale, nous croyons faire chose utile en mentionnant quelques bonnes espèces recueillies dans les localités citées plus haut.

D'abord dans les parties herbeuses des fortifications abonde le ***Medicago maculata*** L., et sur les talus, le ***Torilis nodosa*** Gærtn., l'***Hordeum maritimum*** With. Le long des vieilles murailles croissent le ***Lepidium ruderale*** L., le ***Plantago maritima*** L., le ***Plantago coronopus*** L., le ***Senebiera coronopus*** Poir.

Après avoir traversé l'écluse de chasse et les fortifications, nous sortîmes par la porte de Blankenberghe et nous nous trouvâmes dans une vaste plaine sablonneuse qui s'étend jusqu'au nouveau phare et qui est fort curieuse à explorer. On peut y recueillir de nombreux spécimens du

*Trifolium scabrum* L., qui y croît en compagnie du *Medicago minima* L., des *Erythræa pulchella* et *littoralis* Fr., du *Sagina nodosa* E. Mey., du *Glaux maritima* L., de l'*Honkeneja peploides* Ehrh., du *Buplevrum tenuissimum* L. Le *Centaurea calcitrapa* L. y est fort abondant; il devient plus rare au sud d'Ostende, et il disparaît totalement de la région des dunes méridionales au delà de Nieuport. Dans les flaques d'eau saumâtre qui viennent rompre la monotonie de cette grande plaine, se balancent les longs épis des *Triglochin maritimum* L. et *palustre* L., et les blanches fleurettes des *Ranunculus aquatilis* L. (1).

Après avoir suivi pendant quelque temps la route sablonneuse qui conduit à Blankenberghe, au bord de laquelle croît abondamment le *Sisymbrium Sophia* L., le *Bromus tectorum* L. et l'*Hordeum secalinum* Schreb., on arrive aux premières dunes qui s'étendent au nord-est d'Ostende, depuis le nouveau phare. Ces dunes présentent peu d'étendue en largeur; on n'y trouve point, du moins près d'Ostende, de ces vallées profondes, entrecoupées de petits marais si riches en plantes curieuses. Les espèces qu'on y rencontre sont communes à toute la côte et forment le fond de la flore des dunes; aussi nous abstiendrons-nous désormais de les citer. D'abord, l'*Ammophila arundinacea* Host, plante de la plus haute importance pour fixer et arrêter les sables maritimes : c'est elle qui, la première, paraît sur les monticules de sable, et l'on peut affirmer que, sans cette précieuse graminée, toute autre végétation disparaîtrait des dunes, qui, s'étendant bientôt nues et stériles sur une partie du pays, y rendraient toute culture impossible. Ensuite viennent l'*Elymus arenarius* L., le *Carex arenaria* L., le *Triticum junceum* L., le *Festuca oraria* Dmtr. (2), l'*Hippophaë rhamnoides* L., le *Salix repens* L., qui continuent et partagent avec l'*Ammophila* l'importante mission de fixer les sables maritimes.

Le *Convolvulus soldanella* L. enlace ses tiges volubiles au chaume roide et dressé des *Ammophila* et des *Elymus*, se glisse entre les

(1) En examinant attentivement les spécimens de renoncules aquatiques que nous avons recueillis au nord d'Ostende, dans les flaques d'eau, les ruisseaux et sur le sable humide, nous avons reconnu les *Ranunculus tripartitus* DC., *aquatilis* L. var. *capillaceus* et var. *cæspitosus* Coss. et Germ.

(2) Cette espèce décrite par M. Du Mortier dans son *Prodromus*, sous le nom de *Festuca oraria*, ne serait-elle point la même que celle qui est décrite sous le nom de *Festuca arenaria* Osb. ?

rameaux au feuillage argenté de l'*Hippophaè* et y laisse pendre ses brillantes corolles. L'humble *Viola tricolor* var. *maritima* Lej., un *Ononis* voisin du *procurrens* (1) Wallr., qui étend au loin sur le sable ses longs rameaux chargés de jolies fleurs roses, les *Galium verum* L. et *mollugo* L., l'*Anthyllis maritima* Schw., l'*Erodium cicutarium* L'Hér., le *Silene conica* L., le *Sedum acre* L., le *Senecio jacobœa* var. *dunensis* Dmtr., les *Thalictrum minus* et *dunense* Dmtr, le *Phleum arenarium* L., et enfin le bel *Eryngium maritimum* L., telles sont les plantes qui se rencontrent le plus fréquemment sur toutes les dunes dont les sables ont été fixés et rendus par là accessibles à la végétation. Si des dunes on descend sur la plage, les regards du botaniste sont attirés par le *Cakile maritima* L., le *Salsola kali* L., les *Arenaria salina* Fr. et *marginata* DC., qui sont répandus sur toute la côte dans les sables maritimes. On peut y recueillir aussi le *Zostera marina* L. et le *Zostera nana* Roth, qui y sont rejetés par les flots de l'Océan.

Après avoir exploré suffisamment ces premières dunes, nous regagnâmes la route de Blankenberghe, en traversant de vastes prairies et des terres cultivées. Le long d'un champ croissait le *Raphanus raphanistrum* L., le *Sinapis nigra* L., l'*Helminthia echioides* Gærtn., et au bord d'un fossé rempli d'eau, l'*Apium graveolens* L., le *Matricaria inodora* L. var. *maritima* et le *Rumex palustris* Sm. Quelques belles plantes d'*Onopordum acanthium* L., en pleine floraison, s'élevaient majestueusement au bord de la route, et dans un champ d'avoine, nous remarquâmes deux ou trois pieds de *Pisum arvense* L., espèce méditerranéenne que l'on cultive fréquemment dans ces localités.

Nous retournâmes ensuite à Ostende : nos confrères nous attendaient au Pavillon des dunes. Vers deux heures de l'après-midi, nous étions en route pour Nieuport; mais les dunes ne nous présentaient encore qu'un champ assez restreint à explorer; aussi, sauf un seul pied de *Gentiana amarella*, presque rien à glaner avant d'arriver à Mariakerke, c'est-à-dire à une lieue d'Ostende (2). Là s'offrit à nous le *Carduus tenuiflorus* DC.,

(1) M. Du Mortier considère cette plante comme une espèce inédite qu'il nomme *Ononis maritima* et à laquelle il donne les caractères suivants : *Racine longuement rampante, tige non radicante à la base, rameaux entièrement couchés sur le sol, non ascendants et mutiques.*

(2) M. Léon Vanderkindere, dans une excursion faite par lui aux environs de Mariakerke, dans le courant de septembre, a recueilli dans les dunes l'*Ammi majus* L : il a eu l'obligeance de me faire part de cette découverte que je suis heureux de mentionner ici. Ce botaniste a également trouvé, aux environs d'Ostende, le *Lactuca saligna* L.

qui devient si commun passé Nieuport. Dans un petit fossé plein d'eau, s'élevaient le *Cineraria palustris* L., le *Sium angustifolium* L., l'*Œnanthe fistulosa* L.; plus loin, dans une petite mare, nageaient en compagnie du *Chara fœtida*, le *Zannichellia palustris* L. et le *Lemna arrhiza* L. Au bord d'un champ cultivé et sur les talus du chemin sablonneux, nous recueillîmes le *Fumaria micrantha* Lag., que nous devions revoir encore près du village de Middelkerke et aux environs de Nieuport. Cette plante ne paraît guère s'éloigner des habitations. Comme elle est nouvelle pour la flore belge, nous croyons qu'il ne sera pas superflu d'en donner ici une courte description :

**Fumaria micrantha** Lagasca, *Nov. gen. et sp.*, 21, nº 281 (1816) ; Koch, *Syn. fl. Germ.*, éd. 2, 1818 ; Cosson et Germain, *Fl. des env. de Paris*. 2me éd., p. 99, et Atlas, pl. III. — *Fumaria densiflora* DC.

Tige de 2-10 décim. Feuilles bi-tripinnatiséquées, à segments linéaires étroits. Fleurs nombreuses, purpurines ou roses, en grappes denses. Sépales suborbiculaires, pointus et denticulés tout autour, débordant largement la corolle et dépassant le tiers de sa longueur. Fruit globuleux, non apiculé, lisse d'abord, puis rugueux. offrant au sommet deux fossettes confluentes. — Mai-septembre.

Nous trouvâmes ensuite quelques pieds d'*Asparagus prostratus*, espèce décrite par M. Du Mortier dans sa *Florula belgica*, et d'*Asparagus officinalis* L. var. *maritimus* qui n'est pas rare aux environs de Nieuport et d'Adinkerke.

Au delà du village de Mariakerke, les dunes gagnent en étendue, et déjà avant d'arriver à Middelkerke se présentent des espèces qui n'avaient point été aperçues ou qui jusqu'alors, à cause de leur rareté, avaient échappé aux recherches du botaniste. Ainsi nous citerons, entre Mariakerke et Westende, l'*Herminium monorchis* R. Br., qui devient plus abondant à Nieuport et au delà, l'*Epipactis palustris* Crtz., le *Cerastium tetrandrum* Curt., qui fut récolté sur divers points du littoral, quelques rares échantillons du *Cochlearia danica* L., le *Sagina nodosa* E. Meyer, l'*Arabis sagittata* DC., le *Jasione montana* L.

Dans les lieux humides des vallées, l'*Helosciadium repens* Koch., le *Scirpus compressus* Pers., le *Carex pseudocyperus* L., le *Juncus obtusiflorus* Ehrh., le *Schœnus nigricans* L., l'*Alopecurus fulvus* Sm.

Sur les pelouses des dunes se montraient les pâles fleurettes de l'*Erodium Borœanum* Jord. Cette espèce n'étant point signalée dans nos flores, nous en donnerons ici la description d'après Boreau.

Erodium boræanum Jord. Tige de 1 à 5 décimètres, rameuse, hérissée, couchée, diffuse ou ascendante ; feuilles velues, d'un vert clair, ailées, à folioles subsessiles, ovales-oblongues, incisépinnatifides à lobes obtus, dentés, presque contigus ; stipules membraneuses, larges, concaves ; pédoncules pluriflores dépassant les feuilles ; bractées dressées, ovales-acuminées ; sépales hérissés, terminés par un mucron divergent ; pétales d'un rose très-pâle ou blanchâtres, dépassant à peine le calice, peu inégaux, ovales-oblongs, rétrécis en onglet ; glandes du réceptacle tronquées ; filets fertiles oblongs-lancéolés, atténués au sommet ; stigmates pâles ; bec du fruit à poils courts, très-apprimés ; carpelles à fossette suborbiculaire, à sillon concentrique large ; arête à 8-9 tours de spirale. — Mai-septembre (1).

Arrivés en vue du village de Westende, il nous fallut songer à battre en retraite ; l'orage grondant dans le lointain, il était temps de quitter les dunes et de presser le pas, afin d'arriver sans avaries à Nieuport. Mais la noire nuée, sillonnée de longs éclairs, marchait plus vite que nous, et force nous a été de chercher un abri à Westende.

L'orage passé, nous nous remîmes en route, mais il ne fut plus question d'herboriser ; nous ne songions qu'à gagner au plus vite Nieuport dont nous étions encore fort éloignés, En vain quelques infatigables appelaient leurs confrères pour récolter le *Cynoglossum officinale* L., l'*Avena pubescens* L., l'*Anthriscus vulgaris* Pers., les *Silene nutans* L. et *inflata* Sm., le *Scirpus pauciflorus* Ligt., le *Bryonia dioica* Jacq., dont la présence en ces lieux est assez curieuse à signaler, Ceux-ci faisant la sourde oreille, n'avaient en vue que le clocher de Nieuport, et, en ce moment, il eût fallu leur montrer une espèce bien rare pour les faire dévier de la ligne droite qui unit Westende à Nieuport. Enfin nous fîmes notre entrée dans la ville où tout avait été affectueusement préparé pour nous recevoir.

La journée du dimanche devait être consacrée en partie à explorer les environs de Nieuport ; nous nous mîmes en marche de grand matin dans

(1) A. Boreau, *Flore du centre de la France et du Bassin de la Loire*, t. II, p. 133.

la direction du village de Lombartzyde. Sur les talus des anciennes fortifications de la ville reparut, plus abondant encore qu'à Ostende, le *Medicago maculata* L. Au sortir de Nieuport, la route est plantée de quelques beaux arbres : nous avons remarqué, entre autres, un majestueux *Tilia parvifolia* Ehrh., dont nous avons recueilli quelques spécimens. Du reste, cette chaussée ne présente pas grand intérêt. Après l'avoir suivie jusqu'à Lombartzyde, nous l'abandonnâmes pour prendre un chemin qui devait nous conduire dans les dunes; nous y recueillîmes l'*Orobanche Galii* Rchb., qui vit aux dépens du *Galium verum*, le *Veronica polita* Fr., espèce souvent confondue avec le *Veronica agrestis* L., le *Barkhausia taraxacifolia* DC., le *Senebiera coronopus* Poir. et le *Senecio erucæfolius* L., assez abondants sur ces coteaux sablonneux, ainsi que sur les talus herbeux du chenal. Dans les champs cultivés, qu'il faut longer pour arriver aux dunes, croissaient l'*Avena fatua* L. et le *Galium tricorne* With.

Au delà d'un grand pré sec et aride, où croît assez abondamment le *Cerastium tetrandrum* Curt., on trouve les premières dunes où ne se montrent encore que les touffes isolées des *Ammophila*, parmi lesquelles commence à paraître le gracieux *Euphorbia paralias* L., fort abondant dans les sables entre Nieuport et Adinkerke.

Enfin s'ouvrit devant nous une vallée très étendue et couverte d'une riche végétation; la plupart des espèces déjà mentionnées s'y trouvaient réunies, aussi la parcourûmes-nous assez rapidement, afin d'arriver au chenal que nous étions impatients de fouiller.

On recueillit en passant quelques échantillons du *Salix argentea* Sm., dont les belles touffes font l'ornement de presque toutes les grandes vallées des dunes, du *Carex Œderi* Ehrh., du *Carex trinervis* Degl., qui se cache dans les sables, de l'*Helianthemum vulgare* L., si abondant dans ces localités, de l'*Herminium monorchis* R. Br. et de l'*Epipactis palustris* Cr.

Laissant les dunes, nous nous dirigeâmes vers l'embouchure du chenal, dont nous voulions explorer la rive droite. Entre les dunes et l'estacade, s'étend une vaste plaine couverte par les sables maritimes dans lesquels croissent l'*Armeria maritima* Mill., le *Juncus Gerardi* Lois., le *Salicornia herbacea* L., mêlé au *Salicornia procumbens* Sm., le *Suæda maritima* Dmtr., l'*Artemisia maritima* L., le *Sagina maritima* Don. Cette dernière espèce, indiquée depuis longtemps par M. Du Mortier, dans sa

*Florula Belgica*, n'a été décrite dans aucune de nos flores. En voici la diagnose :

SAGINA MARITIMA Don. *Engl. bot.*, t. 2165. — *S. stricta* Fries.
Tige purpurine, rameuse, à rameaux divariqués ascendants ; feuilles inférieures en rosette, les caulinaires lancéolées, élargies, scarieuses à la base et connées, mucronulées ; pédoncules assez longs, dressés ; sépales obtus ; pétales ordinairement nuls. — Mai-août. Sables maritimes.

Enfin, au bord du chenal se présenta une ample moisson de bonnes espèces. Dans le limon que laisse à nu la marée descendante se développent le splendide *Statice limonium* L., avec ses panicules de fleurs d'un bleu violacé, le bel *Aster tripolium* L., et une variété (1) qui se distingue du type par l'absence des fleurons de la circonférence; le *Triglochin maritimum* L., les *Glyceria distans* Whlbg. et *maritima* M. et K., les *Juncus Gerardi* Lois. et *maritimus* Lam., le *Carex extensa* Good., puis, sur les talus, le *Lotus tenuifolius* Rchb., l'*Helminthia echioides* Gærtn., le rare *Trifolium maritimum* L., l'*Œnanthe peucedanifolia* Poll. Quant à l'*Œnanthe Lachenalii* Gmel., que l'on trouve fréquemment, ainsi que le *Petroselinum segetum* Koch., dans les dunes du nord jusqu'à Ostende, nous l'avons cherché vainement dans la région des dunes méridionales.

Au bord des fossés à demi desséchés des fortifications abondent les *Scirpus lacustris* L., *Tabernæmontani* Gm., *maritimus* L., le type et les deux variétés α *compactus* et β *monostachys* Koch, le *Samolus Valerandi* L.

Notre herborisation était terminée et nous nous dirigions vers le pont pour rentrer à Nieuport, lorsque, sur le seuil d'une charmante maison à volets verts, se présente à nous un vieillard qui, le plus cordialement du monde, nous engage à entrer chez lui; nous acceptons et la gracieuse invitation et les rafraîchissements offerts. Sans nous en douter, nous étions

(1) Cette curieuse variété a été indiquée sous le nom de *Tripolium luteum* par Lobel. Elle lui avait été communiquée par le botaniste Jean Mouton et avait été recueillie par Ch. de Houchin, sur les côtes de la Flandre française.

TRIPOLIUM LUTEUM. *Luteo flore alit Mutonus munere preclari et genorosi viri D. Caroli de Houchin D. de Longatre, stirpium admiratoris summi et doctissimi lectum littoreis Gallo-Belgii.* (*Lob. St. Hist.*, p. 158.)

en pays de connaissance. Notre respectable hôte se nomme Lecluse ; il se dit arrière-neveu du célèbre Clusius, qui, selon lui, aurait habité longtemps Lombartzyde, et lui-même, dans sa jeunesse, a beaucoup cultivé la botanique. Il était impossible de terminer notre excursion par une rencontre plus agréable. Nous serrons la main du bon vieillard et, prenant congé de lui, nous l'invitons à assister à notre séance, qui devait avoir lieu ce jour même.

Vers deux heures, à l'hôtel de ville, assemblée générale (1). L'administration communale avait bien voulu mettre à notre disposition la grande salle du conseil. M. le Bourgmestre assistait à la séance avec bon nombre de notabilités de la ville. Le chef de la commune fut invité à prendre place à la droite du président. Après lecture du procès-verbal de la séance précédente, M. le président rappela à l'assemblée les services rendus à la botanique par les Belges. Ce discours remarquable, ainsi que les travaux scientifiques de nos confrères, MM. Coemans, Crépin et Bommer, ont paru dans le premier bulletin; je m'abstiens donc de vous en entretenir ici. Avant de lever la séance, notre honorable président offrit, au nom de la Société, à la ville de Nieuport et aux hommes distingués qui l'administrent, le juste tribut de notre reconnaissance. Son excellent bourgmestre dans une improvisation chaleureuse, remercia la Société de botanique de Belgique, d'avoir choisi Nieuport pour y tenir sa première réunion extraordinaire. « Votre visite, nous dit-il, portera ses fruits : jusqu'à ce jour, la botanique n'a guère été cultivée chez nous; espérons, Messieurs, que votre présence ici sera féconde en résultats; ce que vous avez semé germera et ces germes ne tarderont pas à se développer. Parmi les jeunes gens de notre ville qui assistent à cette séance, il en est, j'en suis sûr, auxquels votre exemple inspirera le goût de cette étude si attrayante et si utile; lorsqu'un jour vous reviendrez à Nieuport, vous y trouverez des botanistes capables d'apprécier et même de partager vos travaux. »

Ces sages paroles du premier magistrat de la ville de Nieuport produiront leur effet, n'en doutons point, et bientôt ces dunes, dont nous avons seulement entrevu les trésors, seront explorées à toutes les époques de l'année par une phalange de jeunes botanistes éclos sur ce riche terroir.

(1) A cette séance assistaient : MM. Du Mortier, *président* ; Piré, *secrétaire* ; Baguet, J.-É. Bommer, Coemans, L. Coomans, Cogniaux, Crépin, Determe, Laboulle, Malaise, Martens fils, Martinis, Muller, Schram, Thielens, Ch. Van Bambeke, Westendorp, *membres*.

Avant de reprendre le récit de notre excursion, qu'il me soit permis de réitérer ici, au nom de tous mes confrères, nos remercîments les plus vifs à cette bonne ville de Nieuport, à son bourgmestre éclairé, M. Lefèvre, et à M. le conseiller communal Kesteloot, pour l'accueil bienveillant et pour les attentions délicates dont nous avons été l'objet.

Après la séance générale, quelques herborisations partielles eurent lieu; les uns retournèrent à Lombartzyde, où ils recueillirent les ***Carex divisa*** Huds., ***distans*** L., ***paludosa*** Good., le ***Tragopogon porrifolius*** L., le ***Lepturus incurvatus*** Trin., qui nous avaient échappé dans notre excursion du matin. D'autres, explorant les fossés d'enceinte extérieure et les environs de la ville, en rapportaient le ***Blitum rubrum*** Rchb., le ***Chenopodium murale*** L., les ***Atriplex littoralis*** L. et ***salina*** Wallr., le ***Zannichellia pedunculata*** Rchb., le ***Potamogeton marinus*** L.

Le lundi 7 juillet, à 7 heures du matin, il fallut dire adieu à Nieuport, et nous nous mîmes en marche pour Furnes. Ce devait être notre herborisation la plus importante; nous comptions y consacrer toute la journée; aussi avions-nous pris nos précautions : un quadrupède à longues oreilles, mené par un guide, nous suivait, portant deux énormes paniers chargés de victuailles, et comme les dunes au delà de Nieuport ont près d'une lieue de largeur et qu'il est facile de s'y égarer, un de nos confrères s'était pourvu d'une trompette pour sonner le rappel. Chemin faisant, on fouilla les lieux herbeux et les talus de l'enceinte extérieure, où abondent le ***Pastinaca sativa*** L., le ***Plantago maritima*** L., l'***Atriplex littoralis*** L. Nous y recueillîmes aussi les ***Papaver Lecoqii*** Lamot. et ***dubium*** L., le ***Glyceria distans*** Whlbg., l'***Hyoscyamus niger*** L. Près de là aussi, nous retrouvâmes le ***Fumaria micrantha*** Lag., cité plus haut. On suivit pendant quelques minutes la rive gauche du chenal; l'***Halimus portulacoides*** Wallr., y croissait en belles touffes d'un vert glauque dans le limon, à côté des ***Suœda***, des ***Glaux***, des ***Honkeneja***; à l'ancien phare, vielle tour carrée, se terminant en pyramide tronquée, nous quittâmes le chenal pour gagner les dunes. Dans une petite prairie à droite du chemin que nous avions pris, se montraient quelques beaux pieds d'***Anacamptis pyramidalis*** Rich.; nous y retrouvâmes aussi le ***Trifolium scabrum*** L. Au bord du chemin croissaient le ***Carduus nutans*** L. et le ***Marrubium vulgare*** L. Dans un maigre champ d'avoine s'offrait le ***Galium tricorne*** With., et sur un coteau peuplé d'***Achillea millefolium*** L., le plus beau de nos orobanches, le ***Phelipœa cœrulea*** Coss. et Germ., qu'il ne faut pas confondre avec le *P. arenaria* dont nous avons trouvé de nombreux échantillons entre Nieuport et le village de Coxyde (1).

Déjà nous étions arrivés aux premières dunes et nous nous disposions à récolter le *Carex trinervis*, l'*Euphorbia paralias*, etc., lorsque nous faillîmes être arrêtés brusquement dans notre marche. Un malencontreux garde-chasse, armé d'un fusil à deux coups et renforcé d'un énorme bouledogue, suivait de l'œil avec défiance notre paisible caravane. Tout à coup, en termes bien accentués et assaisonnés de jurons, il nous défendit d'arracher une seule plante et même de traverser les dunes; il alla même jusqu'à menacer de son arme l'un de nous; mais comme nous étions nombreux et que nous faisions peu de cas de ses menaces, il jugea prudent de battre en retraite, nous criant à plusieurs reprises, pour sauvegarder sa dignité, qu'il allait requérir la gendarmerie.

Après ce petit incident dramatique et burlesque, nous continuâmes la récolte des nombreuses espèces que nous rencontrions sous nos pas. Nous nous trouvions dans une immense vallée bornée de toutes parts par des dunes; au loin, nous voyions se dresser les clochers d'Oostdunkerke et de Coxyde; dans cette vallée abondaient, outre un grand nombre d'autres plantes déjà citées, le *Rosa pimpinellifolia* DC., que nous eûmes le bonheur de trouver encore en fleurs; l'*Asperula cynanchica* L., qui cache dans les gazons ses pâles fleurettes roses; l'*Orobanche Galii* Rchb., plus abondant qu'à Lombartzyde; le *Schœnus nigricans* L., qui devient fort commun à partir de Nieuport; le *Galium ochroleucum* Wolf., aux fleurettes d'un blanc jaunâtre; le *Trifolium micranthum* Viv.; l'*Arabis sagittata* DC.; le *Polygala oxyptera* Rchb., qui se distingue du *vulgaris* par ses ailes cunéiformes, elliptiques, aiguës, plus étroites et à peine plus longues que la capsule. Au delà de quelques dunes stériles s'ouvre une autre grande vallée au bout de laquelle s'élève le Hoogenblikker, la plus haute des dunes de notre littoral. Le voyageur qui a le courage de gravir cette colline croulante et dénudée est amplement dédommagé de ses fatigues par la magnificence de l'horizon qui se déroule à ses regards émerveillés : d'un côté, la Flandre Occidentale, toute diaprée de villes et de villages, et de l'autre la perspective fuyante de l'immense Océan.

(1) Le *Phelipæa arenaria* Coss. et Germ., a été signalé par M. Kickx entre Ostende et Blankenberghe. Voy. Kickx, *Notice sur quelques espèces peu connues de la flore belge*, Bruxelles, 1835, p. 6, et Vandevyvere, *Flore de la Flandre occidentale*, Bruges, 1850.

Au fond de cette vallée, qui n'est séparée du village d'Oostdunkerke que par quelques dunes, par des prés secs et arides coupés de quelques champs cultivés, dort un petit marais où croissent certaines bonnes espèces aquatiques; nous y recueillîmes : l'*Alisma ranunculoides* L., l'*Hippuris vulgaris* L., les *Lemna gibba* L. et *trisulca* L., l'*Hydrocharis morsus ranæ* L., et tout à l'entour le gracieux et menu *Anagallis tenella* L., dont les jolies fleurettes roses s'épanouissaient sur les sables humides parmi les *Sagina nodosa* E. Mey., les *Helosciadium repens* Koch. Dans certains endroits humides des dunes méridionales, l'*Anagallis tenella* est fort abondant. Nous y trouvâmes mêlée à l'espèce, une charmante variété qui se distingue du type par ses fleurs qui, au lieu d'être roses, sont parfaitement blanches. Un peu plus loin, nous fîmes une abondante récolte du *Thesium humifusum* DC. Cette jolie santalacée, qui manque complètement dans nos dunes septentrionales, est fort commune au delà d'Oostdunkerke.

A peu de distance du Hoogenblikker, nous nous arrêtâmes pour nous reposer un peu. Après un gai repas exempt de contrainte et d'étiquette, nous laissons à notre droite le Hoogenblikker, nous dirigeant vers le village de Coxyde. Nous suivons, pendant quelque temps, un coteau sablonneux sur lequel ne croît que le *Bromus tectorum* L., puis franchissant un petit fossé à moitié desséché dans lequel se plaisent le *Sium angustifolium* L., l'*Helosciadium nodiflorum* Koch et le *Myosotis strigulosa* Rchb., nous voyons s'étendre devant nous une belle prairie. On y trouve le *Gymnadenia conopsea* R. Br., le *Cuscuta epithymum* Murr. parasite sur le *Medicago lupulina*, le *Trifolium medium* L., le *Galium palustre* var. *elongatum* Coss. et Germ., le *Primula elatior* Jcq., le *Carex distans* L. et enfin le *Thalictrum flavum* L.

Nous reprîmes ensuite les dunes, abandonnées pendant quelque temps et qui conduisent à La Panne; mais le ciel, jusqu'alors favorable, se couvrit tout à coup de grosses nuées d'orages. La pluie qui commençait à tomber nous força à gravir une colline sur laquelle s'élève une petite maison, la seule que nous eussions rencontrée depuis notre départ de Nieuport. Malgré l'exiguïté de l'abri, nous demandons, pour quelques moments, l'hospitalité aux rudes et braves gens de la maisonnette. Mouillés, serrés, debout, nous laissâmes passer le gros de l'averse, mais il fallut renoncer au projet d'aller jusqu'à La Panne, et pour abréger notre route, nous diriger vers de grands arbres au milieu desquels apparaissait le clocher de l'église de Furnes. Malgré la pluie qui tombait toujours, nous récoltâmes dans certaines places humides des dunes, le *Parnassia palustris* L., dont les fleurs blanches commençaient à s'épanouir, et dans une petite mare, l'*Hippuris vulgaris* L. qui se dressait au milieu des *Potamogeton densus*, var. *serratus* Coss. et Germ. Cependant la pluie tombant de plus belle, force nous fut de chercher un abri dans une ferme ; nous espérions que le ciel s'éclaircirait, vain espoir! Nous nous remîmes en route et après une heure d'une marche assez pénible, nous arrivâmes à Furnes, fatigués et trempés.

Là devait se terminer notre herborisation; néanmoins quelques-uns d'entre nous, regrettant de n'avoir pu ni visiter La Panne, ni explorer les dunes d'Adinkerke, résolurent de prolonger leur séjour à Furnes. Le mardi matin, après avoir pris congé de ceux de nos confrères qui s'en retournaient, nous nous mîmes en route par la chaussée qui conduit à La Panne. Cette herborisation n'a pas été la moins fructueuse. Avant de sortir de la ville, nous avions recueilli l'*Antirrhinum majus* L., dont les tiges droites et terminées par de belles fleurs d'un rouge écarlate, se dressaient sur un vieux mur de jardin, ensuite le *Parietaria diffusa* M. et K., qui ornait de ses belles touffes d'un vert sombre, les murs de l'antique église. Des deux côtés de la chaussée de La Panne, s'étendent, jusqu'aux premières dunes, des champs sur lesquels se cultivent le *Linum usitatissimum* L., l'*Hordeum hexastichon* L., qui réussit surtout dans les terrains maigres, le *Triticum vulgare* var. *villosum*, si reconnaissable à ses épillets velus. Au bord de la route fleurissait un beau pied de *Verbascum blattaria* L., et dans un champ de lin, à côté du *Lolium linicola* Sond., étincelaient les fleurs rouge vif du *Lathyrus tuberosus* L.

Au bord des fossés qui longent la route s'étalaient le *Myosotis lingulata* R. et S., à côté du *Carex riparia* Curt. et des *Rumex acutus* L. et *palustris* Sm. Nous y remarquâmes aussi une belle variété à feuilles panachées de l'*Arundo phragmites* L.

Arrivés à La Panne, nous retrouvons les dunes; nous y recueillons de nombreux spécimens du bel *Anchusa officinalis*, var. *dunensis* Dmtr. et quelques graminées que nous avions négligé de récolter dans nos excursions précédentes : le *Kœleria cristata* var. *arenaria* Dmtr., le *Festuca oraria* Dmtr., l'*Hordeum maritimum* et d'autres déjà citées. Nous traversons la propriété de M. Bortier, où croit en toute liberté le *Rubus Bellardi* W. et N., et nous arrivons dans une grande vallée digne d'être reproduite par le pinceau d'un Calame. Nous n'entreprendrons point de la décrire, les expressions nous manqueraient.

Sur le riche tapis de verdure émaillé de fleurs qui recouvre cette belle vallée, nous revîmes encore le *Thesium humifusum*, le *Silene nutans*, l'*Anagallis tenella* et l'*Erythraea littoralis* Fr. et parfois quelques pieds de *Gentiana amarella* L. et du *Cirsium acaule* L. Dans la partie la plus basse et la plus humide de la vallée apparaît le *Cladium mariscus* R. Br., et le *Carex disticha* Huds., qui se dressent au milieu de belles touffes de *Schœnus nigricans*. A la hauteur du village d'Adinkerke, nous espérions trouver le *Liparis Lœselii* Rich. récolté autrefois par MM. Du Mortier et Westendorp. Notre recherche fut vaine. Nous sortîmes des dunes en passant par un petit bois, où s'élevaient le *Populus nigra* L. var. *dunensis* Dmtr., le *Populus canescens* Sm. var. *glabrescens* Dmtr.; nous y recueillîmes l'*Asparagus officinalis* var. *maritimus* L. et, sur la lisière, une belle variété à fleurs roses du *Melandrium pratense* Rœhl. et une variété à fleurs blanches du *Brunella vulgaris* Mœnch.

Du petit village d'Adinkerke, nous nous dirigeâmes le long des bords du canal de Dunkerke vers Furnes. Là croissent abondamment le *Typha angustifolia* L. et le *Scirpus tabernæmontani* Gmel. Sur le talus végètent quelques pieds peu développés du *Carduus acanthoides* L. Enfin, dans un fossé parrallèle au canal, nous avons récolté de beaux échantillons de *Zannichellia pedunculata* Rchb.

Dans ces excursions, toutes consacrées à la recherche des phanérogames, l'humble cryptogamie fut pour ainsi dire oubliée. Ces courses rapides et bruyantes sont peu favorables aux recherches patientes et minutieuses du cryptogamiste. Nous avons trouvé cependant, non loin du Hoogenblikker, l'*Equisetum variegatum* Schlch. et l'*Ophioglossum vulgatum* L. en pleine fructification, puis, dans quelques rares abreuvoirs, d'assez belles touffes de *Chara fœtida*, var. *subhispida* A. Br. Nous avons observé, en passant, l'*Agaricus arenarius* Lév., si reconnaissable à son stipe renflé en tubercule, et l'élégant *Agaricus rotula* Scop. Sur les bouses de vache, que l'on rencontre fréquemment dans les dunes, se pressaient de nombreux *Ascobolus* : les *A. furfuraceus* Pers., *immersus* Pers., *glaber* Pers., *carneus* Pers., *papiliatus* Pers. et *granuliformis* Cr. Ils végétaient en compagnie de l'humble *Sphœria fimeti* DC., et du *Podospora fimicola* Cesati, espèce nouvelle pour la flore belge. Le *Pilobolus crystallinus* Tod., s'y montrait parfois avec ses cupules bicolores. Sur le crottin d'âne s'étalaient les larges réceptacles blancs ponctués de noir du *Poronia punctata* Fr. Nous foulions aux pieds les mousses et les lichens, sans daigner leur accorder un regard; néanmoins la récolte du *Thesium humifusum* nous força à reconnaître le *Tortula subulata* Hedw., qui croît partout dans les dunes, et à examiner quelques lichens parmi lesquels : les *Cladonia alcicornis* Flk., *C. pyxidata* var. *pocillum*, *C. furcata* Hoffm. et *C. pungens* var. *muricata* et, sur le sable dénudé, le *Collema multiflorum*, le *Lecidea sabuletorum* Flk. et le *Lecidea vesicularis*, dont le thalle est bigarré de noir et de bleu pâle.

La plage ne fut guère visitée, c'est assez dire que nous ne récoltâmes point d'algues. Un violent vent de sud-ouest avait cependant amené de gros paquets de *Laminaria*, de *Fucus* de toutes espèces, de *Chordaria*, de *Chondrus*, etc., mais des rafales chargées de sable fin rendaient la côte impraticable et forçaient le pauvre cryptogamiste à rentrer dans les dunes, où il était réduit à se contenter, faute de mieux, des *Nostoc commune* et *lichenoides* Kütz., qui, gonflés par les pluies continuelles, couvraient des arpents entiers et rendaient en certains endroits le sol glissant et dangereux aux pieds de nos botanistes fatigués.

Avant de terminer, qu'il soit permis à votre secrétaire, d'acquitter une dette de reconnaissance en exprimant ses remercîments les plus vifs et les plus sincères à ses compagnons de voyage, MM. Du Mortier, Coemans, Westendorp, Determe, Thielens, Muller, Crépin, Malaise, Bommer et Martinis pour l'empressement que ces Messieurs ont mis à répondre à ses demandes de renseignements et à lui communiquer la liste des plantes récoltées par eux. A ces noms, j'ajouterai ceux de MM. Kickx, Wesmael et Vanderkindere, qui m'ont fourni des indications que j'ai été heureux de mettre à profit pour compléter mon travail.

En résumé, Messieurs, nous avons tout lieu d'être satisfaits de cette première herborisation; notre Société a dignement inauguré la série de ses excursions scientifiques ; plusieurs espèces et variétés nouvelles pour notre flore ont été observées; des stations importantes au point de vue de la géographie botanique de notre pays ont été signalées; mais ce qui importe surtout, nous avons appris à nous connaître; et, pourquoi ne le dirai-je pas? à nous aimer.

Messieurs, je suis profondément convaincu que ces excursions, périodiquement renouvelées, doivent profiter autant à chacun de nous qu'à la science elle-même.

Si je n'avais dans mon herbier que ce que j'ai pu récolter moi-même, cet herbier serait fatalement pauvre et incomplet. — Ce qui l'enrichit, c'est l'échange. — Il en est de même, Messieurs, de l'intelligence et du cœur de l'homme. *Væ soli!* Malheur à qui se condamne à travailler, à étudier *seul*. Quand j'herborise *seul*, je n'ai, quoi que je fasse, que deux yeux. — Dans nos herborisations fraternelles, rien ne m'échappe ; je suis, comme l'Argus mythologique, couvert, des pieds à la tête, d'yeux dont la moitié restent ouverts pendant le sommeil des autres.

Messieurs et chers confrères, si, comme je l'espère, nous rendons plus fréquentes, plus intimes nos relations, si nous resserrons les liens qui nous unissent déjà, notre société naissante est appelée à faire de grandes choses.

En mettant en commun de petits capitaux, l'association réalise chaque jour, dans l'ordre matériel, de merveilleux prodiges ! En réunissant dans une lentille, quelques pâles et froids rayons, on en fait une lumière qui éblouit, un feu qui dévore.

Mes chers confrères, réunissons en faisceau nos cœurs, nos volontés, nos efforts ! — Ce qui est impossible à chacun de nous, nous pourrons alors le faire tous ensemble ; et peut-être nous sera-t-il donné d'augmenter ainsi la prospérité et la gloire de notre chère patrie, de cette Belgique, qui, providentiellement sans doute, a inscrit sur son noble blason : *l'Union fait la force !*

---

## L'HERBORISATION DU 23 AU 25 JUIN 1912

### PREMIÈRE JOURNÉE

### A. — *De Westende à Lombartsyde.*

Le rendez-vous était à Ostende. Le tram électrique nous emporte le long de la digue maçonnée qui va jusque Middelkerke et Westende. Dès qu'on est sorti de la ville, on est frappé des changements apportés au pays dans ces dernières années. Au lieu des dunes originelles, tour à tour croulantes ou fixées par la végétation, c'est une suite de monticules réguliers, soigneusement arrondis, où l'on s'est efforcé de faire pousser de la verdure, souvent après avoir recouvert le sable d'une couche d'argile. Et le résultat de tout ce beau travail, c'est que cela tient maintenant le milieu entre le terrain vague et le jardin abandonné.

Çà et là, parmi les tas de boîtes à conserves et de vieux papiers, on retrouve pourtant des reliques de la végétation d'il y a vingt ans : fourrés d'Argousiers (*Hippophaës rhamnoides*), sur lesquels traînent les larges panicules blanches de *Galium Mollugo*, Douces-amères (*Solanum Dulcamara*), buissonnants plutôt que volubles, qui nous font admirer leurs bouquets de fleurs violettes, Panicauts (*Eryngium maritimum*), où apparaît déjà la teinte bleue, *Calystegia Soldanella*, avec ses grandes corolles roses et ses feuilles luisantes et charnues, posées à plat sur le sable, *Elymus arenarius* dont les feuilles glauques se balancent en cadence sous le vent.

Pendant que nous filons dans notre tram, ceux qui ont herborisé à Middelkerke, jadis, nous disent : « Ici, il y avait un abondant tapis d'*Aristolochia Clematitis* ». Plus loin : « Le tram passe en ce moment sur l'habitation la plus septentrionale, en Belgique, d'*Euphorbia Paralias.* » Près de Westende, « Voyez, là-bas dans le creux où s'élève une villa, on pouvait récolter ***Pyrola rotundifolia, Epipactis palustris, Herminium Monorchis*** et *Gentiana Amarella.* »

En arrivant à Westende-Bains, notre premier soin sera de nous échapper le plus rapidement possible de la banale cité balnéaire, pour aller trouver à Westende-Village des coins mieux appropriés à nos goûts. Le trajet, d'un quart d'heure à peine, se fait, en majeure partie, sur un tronçon très bien conservé, de la digue du Comte Jean. Commencée en 1282, par Jean, fils de Gui de Dampierre, et complétée pendant les siècles suivants, cette digue constituait une barrière continue contre les envahissements de la mer, depuis Gravelines jusqu'à l'Escaut occidental.

*
* *

A Westende, notre longue troupe enfile prestement le chemin empierré qui va vers le Sud-Est entre deux taillis de Peupliers. Quelques minutes de marche, puis un crochet vers la gauche et nous voilà arrêtés devant un paysage qui ne manque jamais d'ébahir ceux qui sont familiarisés avec la flore du littoral. Figurez-vous de toutes petites dunes portant, non les Oyats (*Ammophila arenaria*) et les Argousiers qu'on s'attendait à y voir, mais des Genêts-à-balais (*Cytisus scoparius*), des bruyères (*Calluna vulgaris*) et pas mal d'autres plantes, aussi banales dans les Bruyères de la Flandre et de la Campine, qu'insolites sur le littoral. Que s'est-il donc passé ici, pour que ces dunes, semblables en apparence aux autres, soient pourtant garnies de plantes tout à fait différentes? L'histoire va nous renseigner.

Jusqu'au XIIe siècle, l'Yser coulait sur ce lieu (voir fig. 43), pour se diriger ensuite vers la mer par Lombartzyde, qui était un port important. Mais le 24 juin 1116, une violente marée de tempête modifia la configuration du pays. L'Yser fut barré par le sable et à travers la digue rompue, la mer submergea les champs cultivés. Quand la tempête fut calmée, on constata que Lombartzyde avait cessé d'être au bord de la rivière; celle-ci passait maintenant à Santhoven, où un nouveau port fut créé, d'où le nom de Nieuport qui resta à la localité. La brèche faite dans la digue ne put être bouchée qu'après un travail de plusieurs mois, peut-être de plusieurs années. Pendant tout ce temps, la mer inondait deux fois par jour les sables déposés sur les anciennes cultures, ce qui permit l'établissement d'une faune de Mollusques, surtout *Cardium edule;* c'est pour cela que les géologues donnent à ce terrain le nom de « sable à Cardium ». Après la réparation de la digue, deux changements importants se produisirent dans la couche de sable. Tout d'abord le vent y forma de petites dunes, puis les coquilles des parties superficielles furent dissoutes par l'eau de pluie; comme le terrain était séparé de la plage par des cultures et qu'il n'y eût donc pas de nouveaux apports de coquilles, le sable est actuellement très pauvre en calcaire.

On comprend maintenant pourquoi cet endroit ressemble plutôt à une bruyère qu'à une panne de dunes; alors que celles-ci possèdent une flore nettement calcicole à la faveur des innombrables débris de Mollusques que les tempêtes ramassent sur la plage et roulent au loin dans les dunes, les monticules de « sable à Cardium » nourrissent une végétation exclusivement calcifuge.

Quelques minutes d'herborisation entre les Genêts et les Bruyères nous font récolter pas mal d'espèces curieuses : *Aira caryophyllea, A. praecox, Teesdalia nudicaulis, Trifolium arvense, Ornithopus perpusillus, Filago minima*... autant de plantes qui sont étrangères aux dunes littorales, mais communes sur les landes sablonneuses de la Flandre et de la Campine.

La différence entre les polders sablonneux, formés de « sable à Cardium », et les dunes littorales est encore mieux marquée pour les Bryophytes que pour les plantes supérieures. Ainsi *Barbula ruralis*, que nous verrons demain et après-demain à Coxyde et à La Panne, ne joue ici qu'un rôle tout à fait effacé. Les Mousses qui sont prépondérantes autour de nous, sont des espèces très rares sur les dunes : *Polytrichum piliferum, Hypnum purum, Hylocomium squarrosum, H. splendens, H. triquetrum, Dicranum scoparium, Racomitrium canescens.*

Il est tout aussi important pour une association végétale de connaître les espèces qui y font défaut que celles qui la composent. Signalons l'absence complète de plusieurs plantes communes des dunes : *Silene nutans, Rosa pimpinellifolia, Anthyllis Vulneraria, Helianthemum Chamaecistus, Asperula cynanchica.* Eh bien! Ce sont précisément des végétaux qui recherchent un sol calcaire et qui manquent donc en Campine et en Flandre.

Bref, par tous ses caractères, la minuscule bruyère de Westende est comme un îlot de Flandre sablonneuse ou de Campine, égaré entre les plaines argileuses des polders et les dunes calcaires du littoral.

Avant de quitter cet endroit exceptionnel, témoin des bouleversements de notre côte, un mot sur quelques plantes qui colonisent à la fois le « sable à Cardium » et les dunes proprement dites : la jolie Pensée des dunes (*Viola tricolor sabulosa*), ***Corynephorus canescens*** qui implante ses touffes de feuilles raides sur le sable fraîchement remué, ***Vicia lathyroides*** étonnamment variable dans la conformation de ses folioles et de ses stipules, ainsi que dans la teinte de ses fleurs.

*
* *

Allons plus loin. A notre droite, s'étendent jusque Lombartzyde les cultures que nous avions longées en venant, surtout des exploitations maraîchères produisant des légumes pour Ostende. C'est plaisir de voir, les jours de marché, l'interminable file de petites charrettes à bâche blanche, attelées d'un mulet, qui reviennent de la ville.

Un coup d'œil aux mauvaises herbes dans les carrés de Pommes de terre, de Seigle, de Choux, de Céleris, de Carottes... A part les espèces absolument banales, qui pullulent partout (*Sonchus oleraceus*, ***Euphorbia Peplus***, ***Mercurialis*** *annua*, etc.), il y a ici, encore une fois, des plantes qui sont inaptes à vivre dans les cultures des dunes, mais qui envahissent aussi les districts flandrien et campinien : ***Rumex Acetosella***, ***Spergula arvensis***, ***Scleranthus annuus***, ***Teesdalia nudicaulis***, ***Gnaphalium uliginosum***, *Arnoseris minima*, *Hypochoeris glabra*, ***Panicum*** (***Digitaria***) ***lineare***.

Les taillis d'Aunes (*Alnus glutinosa*) et de Peupliers (***Populus monilifera***), qui font des brise-vents autour des champs, nous fournissent aussi quelques plantes qu'on chercherait en vain dans les dunes : ***Rubus ulmifolius***, ***Artemisia vulgaris***, ***Senecio sylvaticus***.

*
* *

Voici que nous débouchons sur une plaine bosselée, dont le relief rappelle celui de la bruyère de tantôt. Mais si la configuration du sol est la même, la végétation est tout autre. Pas de Genêts; des Bruyères réduites à des plaques informes, étalées contre le sable; comme plante dominante, un tapis ininterrompu de *Carex arenaria*. Et puis des terriers serrés les uns contre les autres sur les petites éminences, où convergent de toutes parts des galopades effrénées de Lapins. Ceci nous explique pourquoi la flore présente une composition aussi homogène : tout ce qui est mangeable a été brouté à mort, et il ne persiste en fin de compte que l'organisme le plus réfractaire à la dent du Rongeur, soit *Carex arenaria*. Pourtant en cherchant bien, on trouve encore quelques-unes des plantes qui habitaient le pays avant qu'on s'y livrât à l'élevage intensif du Lapin sauvage. C'est surtout sur les fonds humides que ces reliques subsistent : *Rumex Acetosa*, *Sagina procumbens*, *Radiola linoides*, *Lotus uliginosus*, *Nardus stricta*, *Carex leporina*, *Juncus Leersii* (*J. conglomeratus*), *J. acutiflorus*. Chose singulière, mais dont l'explication nous apparaît aussitôt, ce sont de nouveau des plantes calcifuges.

Tantôt par les cultures, tantôt par les pâturages destinés aux Lapins, nous atteignons Lombartzyde où le déjeuner nous attend.

## B. — *Les alluvions marines de l'Yser.*

Nous traversons d'abord des cultures; puis, longeant l'ancien Yser, obstrué depuis 1116, nous atteignons la digue qui sépare les alluvions actuelles de l'Yser des polders mis en culture. Le schorre est à l'altitude $4^{m}80$, tandis que les champs, sur l'autre face de la digue, ne sont qu'à $3^{m}30$, ce qui signifie que les marées de vive eau s'élèvent à $1^{m}50$ au-dessus des terres cultivées (fig. 44).

Ne nous attardons pas ici : puisqu'en ce moment il n'y a personne dans le jeu de golf dont nous apercevons le château d'eau et les pelouses, empressons-nous d'y pénétrer à travers les ronces artificielles.

De la grande plaine (fig.45) à végétation rase, avec son tapis d'*Armeria*, de *Glaux*, de *Salicornia* et de *Suaeda* collés contre le sol, — des extraordinaires modifications que le moindre changement de niveau amenait dans la flore, — des fosses dont le fond était tapissé par des *Salicornia* dressés, — de la slikke avec sa végétation en touffes isolées et son bord taillé à pic, — de toutes les autres merveilles botaniques que possédait cet étonnant schorre, — il ne reste rien (voir ***Protection*** (1), fig. 10 et 18). Le seul coin qui ait gardé son intérêt est celui qui est le plus rapproché de la crique de Lombartzyde Il y a là une petite portion, en dehors du jeu, où la marée pénètre encore jusqu'aux dunes.

On y assiste à la lutte entre la flore des dunes et celle des terrains salés, lutte qui détermine la formation de cinq zones superposées, ayant chacune sa végétation propre :

1° La zone inférieure couverte par toutes les marées de vive eau, porte la flore habituelle du schorre : *Atropis* (*Glyceria*) *maritima*, *Salicornia herbacea*, *Suaeda maritima*, *Spergularia media*, *Armeria maritima*, *Glaux maritima*, *Plantago maritima*, etc.;

2° Un peu plus haut, les plantes les plus strictement liées à l'eau salée (*Plantago*, *Spergularia*, *Salicornia*, *Suaeda*), cèdent déjà le terrain à leurs concurrentes (*Armeria*, *Atropis*, *Glaux*); mais elles sont remplacées par des espèces étrangères au schorre et qui ne descendent jamais plus bas : *Juncus Gerardi*, *Carex distans*, *Sagina maritima*, *Erythraea pulchella;*

3° Immédiatement au-dessus, où se déposent les laisses des marées les plus fortes, quelques plantes sorties des dunes viennent rejoindre les précédentes; ce sont notamment *Agropyrum acutum* et *Plantago Coronopus;*

4° Les dernières plantes de schorres, de plus en plus clairsemées, abandonnent la lutte. Aux *Agropyrum*, *Carex*, *Juncus*, *Plantago Coronopus*, se mélangent, en un petit nombre d'exemplaires, des espèces qui sont abondantes sur les dunes voisines : *Carex arenaria*, *Agrostis alba*, *Sonchus arvensis*, etc.;

5° Enfin, le niveau supérieur est occupé par la flore des dunes, sans aucun mélange d'espèces provenant des zones 1 à 4. Ici apparaissent aussi des Mousses et des lichens, organismes tout à fait exclus des zones recevant de l'eau salée, fût-ce à titre exceptionnel.

Entre la zone inférieure, dévolue aux plantes de terrain salé, et la zone supérieure, où les espèces de la dune ne consentent à aucune promiscuité, il y a donc une région indécise où les deux flores se touchent et

(1) Il nous a paru inutile de reproduire dans cette relation, les photographies déjà données dans *Pour la Protection de la Nature en Belgique*, qui forme un fascicule de ce même Volume Jubilaire. Le renvoi à ce travail se fait sous la mention : ***Protection***.

confondent partiellement leurs éléments. Chose singulière, il y a dans cette bande quelques espèces d'origine plus lointaine, qui ne vivent nulle part dans le voisinage immédiat. Elles se divisent en trois catégories. Quelques-unes viennent des pannes ou des dunes fixées; ce sont *Plantago Coronopus* et *Agropyrum acutum*. D'autres n'existent que dans des districts géobotaniques éloignés : *Erythraea pulchella* et *Carex distans*. Les dernières sont étroitement localisées à la zone-limite et ne vivent nulle part ailleurs : *Sagina maritima* et *Juncus Gerardi*.

Or, la distance verticale est peut-être de 50 centimètres entre les zones extrêmes. Pour peu que la pente du terrain soit accentuée, la distance horizontale ne dépasse pas un mètre. Il suffit donc de faire un pas pour aller de la flore des alluvions marines à celles des dunes, qui est complètement différente, car il n'y a pas une seule espèce végétale qui soit capable de soutenir la concurrence vitale dans les deux stations à la fois. Ajoutons que beaucoup d'habitants de nos schorres se rencontrent aussi dans les mêmes conditions de l'autre côté de l'Atlantique. Et l'on peut dire que la différence des flores est plus grande entre les alluvions et les dunes, à 1 mètre de distance, qu'entre les alluvions de l'Yser et celles du Potomac ou du Delaware.

***

Revenons maintenant sur nos pas afin de regarder en détail diverses choses devant lesquelles nous étions passés à la hâte.

Devant nous s'étale le confluent du cours ancien et du cours actuel de l'Yser, bordé de slikkes, vases molles inondées à chaque marée, et de schorres herbeux, atteints seulement aux marées de vive eau. (Voir *Protection*, fig. 72, 73.)

Pour se promener sur les alluvions, on doit de nouveau se faufiler entre les ronces artificielles, car tout le schorre, depuis la crique de Lombartzyde jusqu'à l'huîtrière située presqu'en face de Nieuport, est utilisé comme pâture. Aussi la flore est-elle en fort piteux état : *Triglochin maritimum*, *Aster Tripolium*, *Plantago maritima*, *Atropis maritima* et *Statice Limonium* sont broutés de près par les bestiaux, et nous n'en obtenons d'échantillons convenables pour l'herbier, qu'à la condition d'aller fureter entre les marigots, aux endroits où les bêtes ont trop de peine à arriver.

La plupart de ces fosses communiquent avec la rivière et sont donc envahies par l'eau à marée haute. Mais en ce moment, la mer est basse et nous pouvons les examiner à l'aise. Dans le fond, la boue est revêtue d'un enduit brun de Diatomées. Sur les parois luisantes pendent de longues franges vertes d'Algues, surtout des *Cladophora*. Ces mêmes Algues s'accrochent aussi aux feuilles des Phanérogames qui descendent le plus bas sur les bords des marigots, et qui sont des ***Atropis maritima***, toujours stériles. Plus haut, la flore phanérogamique se diversifie; c'est la station favorite d'*Atriplex* (*Halimus*) *portulacoides*, qui atteint ici de grandes dimensions; ses rameaux tortueux, garnis de feuilles pâles placées verticalement, s'enchevêtrent en tous sens. Entre les buissons d'***Atriplex portulacoides*** se dressent de grands individus de ***Suaeda***, d'***Aster Tripolium***, d'***Atropis***, de ***Festuca rubra dumetorum***, de ***Triglochin*** déjà fructifiés.

Il y a aussi des fosses isolées, sans communication avec l'Yser, qui s'étaient remplies lors de la dernière forte marée, mais sont maintenant asséchées. Leur fond crevassé en polygones (voir ***Protection***, fig.74) porte une abondante couche d'une Schizophycée, ***Microcoleus chthonoplastes***, dont les filaments entrelacés arrêtent les particules vaseuses et favorisent ainsi le colmatage.

A la surface du schorre s'élèvent aussi quelques petites bosses qui ont une végétation un peu différente. Là dominent ***Agropyrum pungens***, que nous reverrons dans un instant, et ***Festuca rubra dumetorum***, à rejets assez courts, à épillets velus et à feuilles toutes sétacées et piquantes. Entre les Graminées, on remarque les rameaux d'***Artemisia maritima*** avec un feuillage blanc et brillant.

Avant de retourner sur la digue, les excursionnistes éparpillés au hasard sur la plaine argileuse se rassemblent un instant, pour examiner les adaptations à la salure du terrain, salure qui rend fort difficile l'absorption du liquide par les poils radicaux. Les plantes sont obligées d'avoir une réserve d'eau dans les tissus—elles sont presque toutes charnues — et en outre de réduire autant que possible leur transpiration : ***Atriplex portulacoides*** met ses feuilles verticalement ; de plus il les revêt d'un manteau pileux, tout comme ***Artemisia*** ; ***Atropis*** referme ses feuilles dès que la transpiration devient excessive ; toutes les espèces ont une cuticule épaisse et leur épiderme n'est percé que de stomates peu nombreuses.

Au pied de la digue s'étend une zone de transition analogue à celle qui sépare le schorre de la dune. Seulement le passage du schorre argileux à la digue également argileuse est plus facile que du schorre argileux à la dune sableuse, puisque la seule différence entre l'argile des schorres et celle de la digue consiste dans la salure de la première. Les seules plantes typiques de la bande-limite sont ici *Agropyrum pungens*, dont la traînée de touffes pâles et raides repose exactement sur la laisse des marées les plus hautes, et *Juncus Gerardi*, déjà vu dans le jeu de golf. Par-ci par-là s'y joignent des espèces moins constantes : *Oenanthe Lachenalii*, *Apium graveolens*, *Atriplex littoralis*, *A. laciniata* (*A. farinosa*), *A. hastata*, *Beta maritima*, *Cakile maritima*; plus rarement *Petroselinum segetum*, *Bupleurum tenuissimum* et *Lepturus filiformis*.

Il faudra bientôt se résigner à hâter le pas. Chemin faisant, nous récoltons quelques plantes sur la digue même: *Medicago arabica*, *M. minima*, *Cochlearia danica*, *Pastinaca sativa*, *Tragopogon porrifolius*, *Diplotaxis tenuifolia*, *Hordeum secalinum*; nous fouillons aussi, derrière la digue, un fossé tout encombré de *Zannichellia palustris*. Près de l'ouvrage à cornes, reste des anciennes fortifications, nous voyons *Picris* (*Helminthia*) *echioides* et *Lepidium Draba*: dans le fossé d'enceinte vivent *Ruppia maritima* et *Scirpus maritimus*.

Nous n'avons plus qu'à traverser les six ponts sous lesquels tout un éventail de canaux et de rivières canalisées communique avec la mer, et nous sommes dans la ville de Nieuport.

Quelques herborisateurs plus acharnés sont restés pour prendre *Agropyrum pungens*, *Apium graveolens* et *Aster Tripolium*, le long des canaux. Sur l'eau plus ou moins saumâtre, les innombrables boyaux, à soufflures irrégulières, d'*Enteromorpha intestinalis* mettent une épaisse couche branlante, où l'on voit s'effacer peu à peu le balancement des vagues nées dans l'eau libre. En aval des écluses, les murs de quai portent naturellement une flore tout autre. Aussi haut qu'ils sont léchés par l'eau salée, ils sont garnis d'Algues marines : *Enteromorpha compressa* et un *Fucus*, qu'on appelait jusque dans ces derniers temps *F. ceranoides*, mais qui n'est autre chose qu'un accommodat de *F. vesiculosus*. D'ailleurs *F. platycarpus* qui occupe la bordure supérieure des Algues brunes sur les brise-lames de Nieuport-Bains, est, lui aussi, un accommodat de *F.vesiculosus.* (Voir TH.-J. STOMPS, *Études topographiques sur la variabilité des Fucus vesiculosus* L., *platycarpus* Thur. *et ceranoides* L., dans le Recueil de l'Institut botanique Léo Errera, t. VIII, 1911, p. 325.)

## C. — *La séance plénière à l'hôtel de ville de Nieuport.*

A Nieuport, les administrations communales passent, mais l'hospitalité reste.

Pour la troisième fois, la Société royale de Botanique de Belgique se réunit dans cette même salle de l'hôtel de ville. Elle y fut fondée en 1862; elle y revint en 1891; c'est ici qu'elle a voulu fêter son cinquantième anniversaire.

A la séance d'aujourd'hui assistent :

M. le bourgmestre Snauwaert et M. le secrétaire communal Dobbelaere ;

MM. Gèze (de Villefranche-en-Rouergue), Lutz (de Paris), Trelease (de Saint-Louis [États-Unis]), invités de la Société ;

MM. Charles Buls, Léon Coomans et Constant Malaise, membres fondateurs de la Société, dont les deux derniers ont assisté à la séance tenue dans cette salle il y cinquante ans. (1)

M. Beaurieux, M^lle^ Bodart, M. Charles Bommer, M^lles^ Bordet, Cosyn, Delbar, MM. De Potter, Devroey, De Wildeman, L. Fredericq, l'abbé Gilain, Lallemand, Lameere, Leboucq, M^me^ Lefebvre, M. et M^me^ Leroy, M. et M^me^ Loppens, M. et M^lle^ Magnel, MM. Ém. Marchal, Massart, Matagne, M^me^ et M^lles^ Rousseau, M^me^ Schouteden, M. Smets, M^lles^ Terby, M. Van Aerdschot, M^lle^ Vervloet, M. J. Vincent, membres de la Société royale de Botanique, ou de la Ligue belge pour la Protection de la Nature, ou des deux sociétés à la fois.

(1) Les 3 autres membres fondateurs : MM. Campion, Cogniaux (notre Président actuel) et Van Bambeke, s'étaient fait excuser.

M. le Bourgmestre prit le premier la parole.

« Monsieur le Président,
» Mesdames, Messieurs,

» J'ai l'honneur et je me fais un devoir de vous souhaiter, au nom de la Ville de Nieuport, une cordiale bienvenue et de vous remercier d'avoir voulu choisir une fois de plus notre hôtel de ville pour votre réunion plénière annuelle.

» Il y a, Monsieur le Président, Mesdames, Messieurs, des visites qui honorent et nous considérons la vôtre comme telle.

» Vos efforts intelligents, patients et laborieux pour déterminer, faire connaître et apprécier la flore du pays, constituent un large tribut apporté à la science.

» A ce titre votre phalange d'élite a droit à l'estime et à la reconnaissance de tous et mérite largement l'appui et l'encouragement des pouvoirs publics.

» C'est de tout cœur que le Conseil communal rend hommage à vos travaux si éminemment utiles et souhaite, qu'ils soient, de plus en plus, couronnés de succès.

» Il y a cinquante ans, Monsieur le Président, Mesdames, Messieurs, que les fondateurs de la Société Royale de Botanique tenaient dans cette même salle, leur première assemblée générale.

» Ce fut une heureuse inspiration et c'est une attention dont nous apprécions la délicatesse de vouloir revenir au berceau de la Société pour y fêter le cinquantième anniversaire de son existence.

» A cette occasion, la Ville de Nieuport honore la mémoire des fondateurs disparus et présente ses plus chaleureuses félicitations aux continuateurs éclairés de la grande œuvre créée en 1862.

» Veuillez, Monsieur le Président, Mesdames, Messieurs, agréer pour votre Société nos vœux ardents de longue et glorieuse existence.

» La Ligue belge pour la Protection de la Nature s'est jointe à la Société royale de Botanique; elle me permettra de l'associer, elle et son digne Président, M. le prof. Fredericq, aux souhaits de bienvenue et aux vœux de prospérité que je viens d'exprimer. »

M. Émile Marchal, vice-président de la Société botanique, lui répondit en ces termes :

« Monsieur le Bourgmestre,

» Au nom de la Société royale de Botanique de Belgique, je viens vous exprimer toute notre gratitude pour l'accueil si cordial que vous avez bien voulu nous faire dans ce vieil hôtel communal ainsi que pour les aimables paroles de bienvenue que vous nous avez adressées.

» Il y a cinquante ans, votre prédécesseur d'alors souhaitait à notre Société naissante longue vie et prospérité.

» Ces prédictions se sont pleinement réalisées : la Société royale de Botanique a pu accomplir, grâce au travail de ses membres et au dévouement de ses chefs, le programme tracé par ses fondateurs, elle a pris une part prépondérante dans le mouvement progressif de l'étude des végétaux dans notre pays.

» Son jubilé de cinquantenaire la ramène aujourd'hui dans cette même ville de Nieuport dont le nom restera désormais intimement lié à l'histoire de notre Société. En pourrait-il être autrement, d'ailleurs?

» Nieuport et ses environs avec leurs prés salés, leurs dunes, leurs pannes et leurs polders ne réalisent-ils pas l'endroit de la Belgique où les richesses de la flore s'étalent avec le plus de largesse et de variété? »

La parole est donnée à M. Massart; il montre rapidement, en s'aidant de projections lumineuses, les changements considérables que la flore du littoral a subis dans ces cinquante dernières années, ainsi que les nouvelles destructions qui sont projetées dans les dunes de Coxyde et d'Oostduinkerke.

Puis, M. Léon Fredericq, président de la Ligue belge pour la Protection de la Nature, prononce un discours fréquemment interrompu par les applaudissements.

« Mesdames, Messieurs,

» Le sentiment de la nature, l'admiration esthétique, désintéressée, de ses beautés est d'origine récente. C'est à Jean-Jacques Rousseau que nous devons cette acquisition de la mentalité de l'homme moderne.

» Certes, les Anciens aimaient l'existence en plein air, mais ce qu'ils appréciaient avant tout dans la vie des champs, ce sont les agréments matériels qu'elle procure. Si Horace nous vante son *humidum Tibur*, c'est à cause de ses frais ombrages, de ses eaux toujours jaillissantes, même au cœur de l'été. Les *dulcia arva* de Virgile lui sont doux à cause des riches moissons, des troupeaux, des beaux fruits qui lui permettent une vie plantureuse, exempte de soucis.

» Mêmes points de vue au Moyen Age et chez les modernes. Michel Montaigne traversant la Suisse pour affaires n'y a vu que d'affreux rochers et des déserts sauvages.

» Sauf de rares exceptions, chez des naturalistes tels que Swammerdam, Leeuwenhoek, Buffon, de Lessins, les esprits les plus cultivés considéraient la nature au point de vue utilitaire. Ils l'aimaient comme le paysan aime sa terre, pour le profit qu'il en tire.

» C'est chez Jean-Jacques Rousseau que nous rencontrons pour la première fois l'émotion attendrie, poétique, devant la nature et ses beautés. Si nos fils et nous avons du plaisir à parcourir les affreux rochers et les solitudes glacées des Alpes dont parle Montaigne, si nous faisons de longs voyages pour aller contempler le soleil de minuit au Cap Nord, c'est à l'influence de *La Nouvelle Héloïse*, des *Confessions*, de l'*Émile*, que nous le devons. C'est là aussi qu'il faut chercher l'origine et la filiation de la peinture actuelle des paysages.

» Mais les beautés de la nature que nos grands-pères nous ont appris à aimer sur le tard, nos arrière-petits-fils auront-ils encore l'occasion de les contempler? Ce bien ne nous sera-t-il pas ravi précisément au moment où nous commençons à en jouir ?

» Il ne faut pas se le dissimuler, ces beautés sont menacées par les progrès de la civilisation, par les besoins croissants d'une population chaque jour plus nombreuse.

» Il y a quelques années, le général Brialmont, dans un discours académique qui fit sensation, faisait remarquer que la population des états civilisés a plus que doublé au cours du XIXe siècle. Si le même taux d'augmentation devait se maintenir, dans peu de siècles nos descendants couvriraient la terre de leurs rangs serrés et n'auraient même plus la place de s'étendre en long sur le sol. Heureusement nous n'en sommes pas là. D'ailleurs, la vitesse d'accroissement de la population fléchit partout, au moins chez les peuples les plus avancés, — ce dont il faut les féliciter.

» Il n'en est pas moins vrai que cette population toujours croissante en nombre et en besoins, demande à manger et à boire avant de songer aux beautés esthétiques de la nature. *Primum vivere, deinde philosophari.* Et le temps n'est peut-être pas éloigné où les bois auront partout été remplacés par des champs de blé, ou plutôt par des fabriques d'aliments chimiques, où le dernier arbre sera transformé en pâte à papier, où les derniers rochers auront été débités en pavés et où la dernière cascade fournira de l'énergie électrique.

» Les amants de la Nature vont-ils se croiser les bras et assister impassibles à la destruction de ce qui fait la beauté de notre terre? Non, n'est-ce pas. Depuis une cinquantaine d'années ils se préoccupent des remèdes à porter à la situation. Ils cherchent à sauver quelques épaves du désastre général. Inutile de vous rappeler que dès 1843, l'Auewald, près de Bamberg, a été déclaré intangible; qu'à partir de 1861 la France conserve inaltérée la Forêt de Fontainebleau; que d'immenses réserves naturelles ont été créées aux États-Unis; qu'en Allemagne, en Suisse, en Suède, on s'occupe en ce moment, de constituer de grands parcs où l'on conservera pieusement l'aspect originel du pays avec sa faune et sa flore; qu'un groupe de naturalistes néerlandais a réussi à sauver quelques sites directement menacés...

» Permettez-moi, seulement, de vous raconter un fait moins connu. En 1850, on apprend en Suisse que la prairie historique du Rütli, celle du Serment des Trois Suisses, est sur le point d'être vendue pour l'établissement d'un hôtel Aussitôt, protestations véhémentes de tous ceux qui ont le culte de la Patrie. Il faut, à tout prix empêcher cette profanation! Mais comment va-t-on faire? Voici: une souscription à 10 centimes est ouverte parmi tous les écoles du pays. En deux semaines, des milliers de francs étaient réunis et on put clore la souscription.

» La Belgique vient d'entrer dans la voie de la protection de la Nature. A la suite d'un vœu formulé par la Classe des Sciences de notre Académie, une réserve est en train de se constituer dans les Hautes-

Fagnes de la Baraque-Michel: elle comprend déjà 900 hectares. Dès à présent la conservation de la faune et de la flore glaciaire est donc assurée sur ce plateau.

» Les dangers qui menacent d'autres portions de notre patrimoine national ont fait éclore la « Société Nationale pour la Protection des Sites et Monuments », la « Ligue des Amis des Arbres », la « Ligue des Amis de la Forêt de Soignes », la « Vereeniging tot Behoud van Natuur- en Stedenschoon », des groupements locaux de Namur, Liége, Huy, Verviers, Hasselt...

» Toutes ces sociétés s'intéressent uniquement, ou d'une façon prépondérante, à la *beauté* des sites. Il y a une lacune dans leurs préoccupations, puisque toutes négligent le côté purement scientifique de la Nature dont l'importance n'est pourtant contestée par personne.

» La « Ligue belge pour la Protection de la Nature » s'occupera spécialement de la conservation des points intéressants pour la géographie, la géologie, la botanique et la zoologie. En deux mois, elle a réuni plus de 600 membres; et la présence de nombreux adhérents à la séance d'aujourd'hui est une preuve de l'intérêt que l'opinion publique prend à ces questions.

» Enfin, le 2 juin dernier, le *Moniteur Belge* nous apportait la bonne nouvelle de la création officielle d'une Section des Sites dans la Commission royale des Monuments. Espérons qu'elle sera bien constituée et pourra faire de la bonne besogne. »

Un verre de champagne après le discours de M. Fredericq, et nous prenons le tram pour Coxyde.

*
* *

## DEUXIÈME JOURNÉE

### A. — *Les dunes et les pannes entre Coxyde et Oostduinkerke.*

Il vente. Le soleil brille de tout son éclat dans un ciel tourmenté. Un nuage noir apparaît au Sud-Ouest; tout aussitôt il est sur nous et copieusement il nous arrose. Le voilà passé; c'est sur la mer maintenant qu'il promène son ombre. Mais déjà un nouveau grain se prépare, qui lui aussi nous apportera son ondée, pas bien méchante. Ce temps de giboulées, quand de gros nuages se poursuivent d'un bout à l'autre de l'horizon, est vraiment celui qui fait valoir les dunes dans toute leur splendeur : les lointains se détachent avec netteté dans la lumière plus douce, et le sable lui-même a l'air d'un être vivant, quand il s'envole en fumées blanches et que les bandes de coquilles brisées se déplacent en bruissant.

L'endroit est bien choisi pour suivre les multiples remaniements que subissent les rangées de dunes les plus proches de la plage. Hâtons-nous de les regarder, car tout ce qui est compris entre Coxyde-Bains et Oostduinkerke-Bains sera bientôt loti comme terrains à bâtir. On est même en train de percer la large avenue — dénommée pompeusement la Route Royale — qui dans l'esprit des utilitaires à outrance doit aller d'un bout à l'autre de notre littoral, afin de permettre la construction de villas sur les 65 kilomètres que compte la côte belge. Nos merveilleuses dunes ne sont considérées par ces gens que comme du terrain laissé improductif, qu'il importe de mettre au plus vite en valeur. Est-ce que des propriétaires — hommes riches et désirant, par conséquent, s'enrichir davantage — peuvent se soucier des beautés esthétiques et scientifiques que possède un site? Peut-être diront-ils, s'ils croient devoir donner des raisons pour se leurrer eux-mêmes, qu'ils ne vont niveler que le bourrelet bordant l'estran, et qu'ils laisseront provisoirement intactes toutes les chaînes des monticules situées en arrière. Mais ne sait-on pas que la présence de rues et de villas le long de la mer dénature immanquablement les dunes dans toute leur largeur? Et l'exemple des sables de Westende, que nous avons visités hier, ne nous a-t-il pas montré que les dunes ne conservent leur caractère qu'à la condition de rester en continuité avec la mer? Les travaux qu'on entreprend ici, quelque modestes qu'ils paraissent, vont donc à bref délai abîmer de fond en comble tout le pays.

Déjà de grands espaces sont tellement modifiés par les terrassements qu'on n'y peut plus étudier le déplacement en masse des dunes : nous verrons cela demain à La Panne. Pour aujourd'hui, nous nous contenterons de regarder les changements superficiels que le vent imprime au sable, surtout ceux qui dépendent de la végétation.

Si nos dunes étaient nues, leur forme serait toute différente. Elles se présenteraient comme de larges vagues de sable, formant des lignes plus ou moins parallèles à la plage et laissant entre elles des vallées allongées.

Ce sont les végétaux qui viennent troubler cette uniformité et donner à chaque dune sa personnalité. L'herbe agit, en effet, de deux façons sur le vent et sur le sable qu'il transporte : par ses racines elle retient les grains; par son feuillage elle brise la vitesse du courant aérien et, diminuant sa puissance de transport, elle empêche l'enlèvement du sable et provoque son dépôt.

Arrêtons-nous à côté de cet Oyat (*Ammophila arenaria*) et regardons les longues langues flexueuses de sable ramassé par le vent, qui lèchent la surface du terrain. Partout où une de ces traînées heurte une touffe d'Oyat, une partie contourne l'obstacle et poursuit son trajet serpentant, tandis qu'une autre s'insinue entre les feuilles courbées sous le vent et laisse retomber ses grains dans le calme relatif créé en aval par le frottement de l'air contre l'herbe. (Voir fig. 46, I, et phot. 25.). C'est donc derrière la plante — et non pas devant, comme on le croit d'ordinaire — qu'une accumulation de sable va se produire. Une fois la dune amorcée, le vent en remonte la pente et porte le sable jusqu'au sommet; mais à l'abri derrière celui-ci, la vitesse du courant étant amoindrie, le dépôt s'effectue. Une queue s'étend donc en ligne droite derrière l'obstacle, d'autant plus longue que le vent est plus rapide et a amené plus de sable.

Si la touffe de Graminée est elle-même allongée dans la direction du vent, le phénomène sera légèrement altéré, en ce sens que les grains tombés derrière les premières feuilles sont naturellement à l'intérieur de la touffe. (Voir *Protection*, fig. 60.) A part ce détail, les choses se passent de la même manière pour toutes les plantes à organes aériens minces et flexibles, entre lesquels passe le vent : *Ammophila, Agropyrum junceum, Euphorbia Paralias.*

Mais l'allure de la sédimentation éolienne est notablement modifiée lorsque les feuilles ou les tiges sont raides et qu'au lieu de suivre le vent elles résistent à ses efforts. (Fig. 46, II, phot. 26.) C'est le cas pour les feuilles courtes et peu flexibles de *Koeleria cristata* et d'*Agrostis alba* (phot. 7, 9) et pour les rameaux de *Salix repens* et de *Hippophaës*. Le courant est alors brisé d'une façon beaucoup plus complète, et les grains de sable, rebondissant sur les feuilles ou les rameaux, tombent aussi bien devant et sur les côtés que derrière; il y a toutefois une prépondérance marquée pour la face située en aval du vent, et une queue finit donc toujours par se former.

Voyons maintenant les cas où les obstacles ne sont pas perméables au vent, où ce sont, par exemple, de petites buttes. Celles qui nous entourent sont de deux sortes : les unes résultent de l'ensablement complet d'un gros *Salix repens* ou d'un Argousier ; les autres, de la destruction déjà très avancée d'une dune encore cousue ensemble par un lacis de longues racines ramifiées en tous sens. Supposons d'abord que la pente opposée au vent soit assez douce pour que les grains puissent facilement être entraînés jusqu'au delà de la crête. (Fig. 46, III.) Quand on regarde une butte de ce genre pendant une rafale, on voit nettement les particules sableuses portées d'abord jusqu'au sommet, puis glissant le long de l'arête supérieure du dépôt, et enfin abandonnées sur la pente d'aval.

Enfin, comment les choses se passent-elles si la face antérieure de l'obstacle est verticale ou à peu près (fig. 46, IV, et *Protection*, fig. 58)? Allons nous poster à côté de la relique de dune couronnée des restes mortels d'un Argousier (phot. 27), ou à côté de la motte portant de gros Oyats (phot. 28) qui est plantée dans le dépôt formé en aval d'un monticule. Le vent heurte avec force la paroi extérieure de la butte, et il l'entame en mettant à nu l'ancienne stratification. Un autre phénomène encore se passe devant la barrière : le remous violent produit par le vent qui se réfléchit sur elle creuse le sol à son pied. Au sable apporté de loin par le vent se joint donc celui qui résulte de l'érosion de la butte elle-même et de l'approfondissement de la fosse qui la précède. Un peu plus loin en avant, les deux courants, direct et réfléchi, se neutralisent plus ou moins, et un dépôt se produit. Pourtant, la majeure partie du sable glisse à droite et à gauche, et aussi par-dessus l'obstacle s'il n'est pas trop élevé. Ici, comme partout ailleurs, c'est donc en aval que l'accumulation est la plus importante.

La verticalité des parois ne persiste que pour autant que le sable soit soutenu par des racines; sinon, le talus s'éboule tout de suite. Les organes souterrains des végétaux, par leur enchevêtrement extrême, sont un incomparable moyen de fixation du sable, surtout quant ils courent parallèlement à la surface à une faible profondeur, comme les racines noires que nous voyons rayonner à grande distance autour des Saules rampants.

Mais ce n'est pas seulement en tenant les grains de sable par leurs racines entrelacées que les plantes consolident la dune; elles agissent mieux encore en brisant le vent par leurs feuilles et leurs rameaux, ce qui annihile son pouvoir d'abrasion. Les Saules rampants, les Oyats et surtout les herbes à feuilles appliquées élastiquement contre le sol, telles qu'*Erodium cicutarium*, restent très souvent en relief, parce que la surface a été raclée tout autour par les tempêtes. (Voir *Protection*, fig. 62.) Rien ne montre mieux l'action protectrice des végétaux sur le sable que l'habitude qu'ont les cultivateurs des dunes de coucher des rameaux, même sans feuilles, sur les champs fraîchement bêchés, afin de prévenir l'enlèvement du sol par les tempêtes. (Phot. 35.)

***

Jusqu'ici nous n'avons accordé notre attention qu'au sable et à l'influence des plantes sur ses mouvements; il serait grand temps de considérer aussi l'autre face du problème : l'adaptation des végétaux aux changements de niveau du sol. Songez que chaque individu est sans cesse exposé à être enfoui sous une nappe pulvérulente, tandis qu'à un autre moment il pourra être déterré malgré l'appui que ses organes souterrains procurent au sable. Rares sont les espèces pouvant coloniser un terrain qui tantôt fuit sous les racines, tantôt s'entasse par-dessus le feuillage jusqu'à son complet ensevelissement.

Les dunes embryonnaires nées à la limite supérieure de l'estran ne portent guère qu'*Agropyrum junceum* (phot. 3); pourtant les plus grosses ont déjà quelques Oyats (*Ammophila*). Puis viennent de hautes collines avec une culture pure d'Oyats parmi lesquels s'aventure çà et là *Euphorbia Paralias*. Mais à 200 ou 300 mètres de la plage, *Carex arenaria* s'installe et devient de plus en plus abondant; bientôt surviennent *Salix repens* et *Hippophaës*.

Le nombre des espèces végétales rencontrées jusqu'ici est donc peu considérable. Aussi, quoique les principaux dispositifs permettant aux plantes de suivre les mouvements du sol vers le haut ou vers le bas soient représentés dans la demi-douzaine d'espèces qui colonisent les dunes mobiles, voisines de la plage, remettrons-nous à demain l'étude de ces adaptations.

***

Grimpons sur une dune mobile assez éloignée de la mer, par exemple sur une de celles qui restent à droite de la route en construction, et de là-haut laissons errer nos regards vers les clochers de Coxyde et d'Oostduinkerke. Un magnifique horizon de monticules et de vallées s'étale devant nous, présentant les aspects les plus variés et les plus charmants.

A nos pieds les dunes sont blanches, à peine tachées de quelques herbes. Puis des pannes se découvrent, vallées à large fond plat où la terre n'est nulle part visible, tant la végétation y est dense. Dans celles de ces pannes qui sont plus profondes et qui se rapprochent de la couche d'argile étendue sous les dunes (fig. 47), brillent même quelques petites mares. Des monticules se dressent au delà des pannes ; ils sont certes moins verdoyants que les fonds, mais pourtant leur apparence tranche beaucoup sur celle des dunes que nous parcourons depuis ce matin : autant ces dernières sont nues et stériles, autant les dunes fixées que nous apercevons au loin ont une flore variée de tons et de formes, très distincte pourtant de celle des pannes.

Ce qui frappe dans les fonds quand on les contemple d'un peu loin, ce sont les nappes uniformes de *Salix repens* (*Protection*, fig. 69), que percent quelques Argousiers (phot. 12 et 13, *Protection*, fig. 67), et dans l'épaisseur desquelles toutes les autres plantes sont cachées. Sur la dune fixée, le regard est attiré par la fine toison de Graminées et d'autres menues herbes qui frissonnent au moindre souffle; sous elles il y a une couverture de Mousses et de lichens qui ne laisse nulle part le sable à nu, sauf aux endroits trop directement battus par les rafales.

Bref, sur les dunes mobiles, c'est le sable qui donne au paysage sa physionomie; dans les pannes, le tapis de Saules rampants; sur les dunes fixées, le revêtement continu de Mousses et de petites herbes. La dune mobile est blanche, la panne est verte, la dune fixée est grise.

***

Notre bande se dirige vers un petit étang, tout à côté de la route ; il avait été creusé il y a de longues années pour attirer les Canards sauvages pendant leurs migrations et fournir aux chasseurs un moyen commode de les abattre. C'était l'une des mares les plus remarquables des dunes belges ; on y récoltait *Echinodorus (Alisma) ranunculoides, Littorella uniflora (L. lacustris), Liparis Loeselii, Anagallis tenella, Samolus Valerandi, Potamogeton alpinus, Carex acuta, Chara aspera*, etc. Hélas ! les wagonnets de sable viennent s'y vider les uns après les autres, et dans peu de semaines il n'en restera rien, rien que le souvenir et le chagrin d'avoir vu disparaître l'une des habitations les plus riches du littoral. Une seule chose intéressante est encore à voir dans la mare : c'est *Polygonum amphibium* sous ses trois aspects : *natans*, dans l'eau, — *terrestre*, au bord de la mare — *coenosum*, dans le sable sec.

A partir d'ici jusque tout près du village d'Oostduinkerke, nous allons traverser des pannes, ce qui nous donnera l'occasion de faire ample connaissance avec les fourrés de Saules rampants dans lesquels nous enfonçons jusqu'au genou, et avec les Argousiers, hauts d'un mètre et davantage, que leurs épines rendent bien autrement désagréables.

Dans les portions humides où nous passons d'abord, la flore est d'une variété imprévue. Nos voisins du Nord, qui n'ont pas des rochers comme ceux de la Meuse et de l'Ourthe avec leur végétation incomparable, considèrent avec raison les pannes comme leurs stations les plus riches. Eh bien! il est curieux de constater que sauf *Erythraea linariifolia* (*E. littoralis*), les pannes humides ne renferment d'espèces qui leur soient propres.

La plupart de leurs habitants sont originaires de marais et colonisent les pannes à la faveur de l'humidité du terrain : *Schoenus nigricans, Festuca arundinacea, Juncus obtusiflorus, Epipactis palustris, Lythrum Salicaria, Parnassia palustris* (voir *Protection*, fig. 68), *Hydrocotyle vulgaris, Lysimachia vulgaris, Mentha aquatica*.

Il y en a qui se plaisent dans les bois ; elles peuvent vivre dans les pannes parce qu'elles y trouvent un peu d'ombre et un sol bien pourvu d'humus, qu'elles exploitent grâce à leurs mycorhizes : *Pyrola rotundifolia* et *Monotropa Hypopitys*.

Certaines espèces sont à peu près indifférentes aux qualités physiques et chimiques du sol : *Salix repens, Linum catharticum, Euphrasia officinalis, Briza media*.

Les plus inattendues sont celles qui ne vivent qu'ici et sur les coteaux calcaires les plus secs : *Herminium Monorchis, Anacamptis pyramidalis, Cirsium acaule*. Comment ces plantes-là ont-elles réussi à se faufiler au milieu d'espèces palustres et à s'y tailler une place au soleil, malgré les conditions si contraires ? Il doit y avoir au moins un facteur qui leur soit propice et qui fasse pencher la balance en leur faveur. On peut supposer que c'est le calcaire des coquillages qui attire ici les plantes calcicoles, puisque les calcifuges manquent totalement . *Erica Tetralix*, *Calluna*, *Pedicularis sylvatica*, *Myrica Gale*, *Drosera*, *Sphagnum*, *Alicularia scalaris*, et tant d'autres qui se rencontrent en Flandre, en Campine ou en Ardenne, dans des endroits où l'humidité correspond à celle des pannes.

Tout aussi caractéristique pour les pannes humides et les mares qui y dorment est l'absence des grandes herbes, telles que *Oenanthe Phellandrium*, *Rumex Hydrolapathum*, *Glyceria aquatica*, *Phragmites communis*, *Eupatorium cannabinum*, *Epilobium hirsutum*, *Cirsium arvense*, *C. lanceolatum*. La terre des pannes ne fournit pas à ces végétaux la grande masse d'aliments salins qui est nécessaire à leur croissance rapide. Ici ne vivent que des espèces jamais pressées, à développement lent, ayant donc des besoins faibles, qui se contentent d'extraire péniblement du sol le peu de matières nutritives qu'il met à leur disposition. Aussi les quelques plantes de terrains riches qui ont réussi à s'installer tout de même restent-elles fort chétives : *Lythrum Salicaria* atteint à peine 60 centimètres de hauteur, *Lysimachia vulgaris*, 80 centimètres... et ce sont là les herbes les plus élevées de la panne. Par contre, nous récoltons des espèces, telles que *Carlina vulgaris*, *Calamogrostis Epigeios* et *Erythraea Centaurium* qui sont les hôtes habituels des terres maigres.

Ainsi, le caractère floristique de la panne humide résulte des qualités du sol qui est humide, stérile et calcaire. Et la mer, dont nous entendons déferler les vagues, n'exerce-t-elle donc aucune influence? Elle est bien faible, en vérité. Il n'y a qu'*Erythraea littoralis* dont la présence puisse être attribuée au voisinage de la mer, car même *Gentiana Amarella*, spécial au littoral en Belgique, ne l'est pas en France ; toutes les autres plantes sont les mêmes qu'à l'intérieur du pays, sans même offrir le faciès un peu particulier de celles que nous récolterons tantôt dans les pannes sèches et sur les dunes fixées.

La flore si diverse de cette station, diverse à la fois par la multiplicité des espèces et par leurs origines très différentes, ne résulterait-elle pas de ce que beaucoup d'entre elles sont des reliques, subsistant ici depuis des époques géologiques plus ou moins lointaines? Non, car les pannes n'existent pas depuis bien longtemps, et elles n'ont pu hériter leur population végétale d'aucune des stations préexistantes. Voici, en effet ce que nous enseigne la géologie.

A la fin du Pleistocène (Quaternaire), tout ce pays était sous les flots de la mer flandrienne. Au début de la période holocène (moderne), la mer avait été refoulée à plusieurs kilomètres vers le Nord-Ouest. Ici même croissait une végétation semblable à celle des marécages de la Flandre ou de la Campine, avec *Sphagnum*, *Calluna*, *Alnus*, *Betula*, *Pinus sylvestris*, etc. Il suffit de creuser à trois ou quatre mètres de profondeur pour atteindre la tourbe provenant des végétaux du marécage post-flandrien (fig. 47). S'il y avait des dunes au bord de la mer flandrienne, elles étaient sans doute fort pauvres en coquillages, puisque tous les dépôts flandriens sont à peu près privés de fossiles. D'ailleurs, il faisait alors trop froid en Belgique pour que la plupart des organismes actuels aient pu y vivre. D'où donc sont venues les plantes sur les toutes premières dunes de la Mer du Nord, dont celles d'à présent ne sont que les descendantes peu à peu déplacées? On imaginerait tout d'abord qu'elles furent peuplées, de proche en proche, par des espèces qui habitaient la terre ferme dans leur voisinage. Or il n'en fut pas ainsi, car nous venons de voir que la côte était alors bordée de marécages, dont la majorité des espèces sont inaptes à croître dans les pannes trop calcaires de nos dunes. La conclusion de tout ceci c'est que les pannes reçurent leurs habitants de beaucoup plus loin, voire des rochers de la Meuse.

La flore d'un bois, d'un coteau calcaire, d'un marécage tourbeux... renferme une notable proportion de plantes qui ne vivent que dans les bois, ou sur les coteaux rocheux, ou dans les marécages tourbeux. Dans une panne, rien de pareil. Mais n'oublions pas que des bois, des rochers, des marais ont existé de tout temps, alors que nos dunes et nos pannes sont récentes, et que peut-être la mutation n'a pas encore eu l'occasion de créer des espèces nouvelles, réellement adaptées à ces stations. Aussi leur flore est-elle un étrange méli-mélo d'espèces disparates qui vraiment ne semblent pas faites pour vivre ensemble, empruntées, comme elles le furent, aux stations les plus diverses.

Tout en devisant et en échafaudant des hypothèses, nous regardons de plus près quelques plantes.

D'abord *Herminium Monorchis*, une mignonne Orchidacée à fleurs jaune-verdâtre, dégageant une délicieuse petite odeur de vanille. La tige florifère est insérée sur un tubercule radical, tout comme chez *Orchis* et *Ophrys*. Mais alors que ces derniers ne produisent chaque année qu'un seul tubercule, contigu à celui qui vient de donner des feuilles et des fleurs, chez *Herminium* il en naît plusieurs, qui terminent des stolons souterrains horizontaux, longs de 5 à 10 centimètres. Chez les *Orchis* et les *Ophrys*, la production de l'unique tubercule permet simplement à la plante de se débarrasser de celui qui a déjà fonctionné et qui est sans doute encombré de déchets; tandis que chez *Herminium* les tubercules servent aussi à la propagation végétative, — puisqu'il s'en forme plusieurs, — et il est dès lors avantageux que les rejetons ne soient pas trop rapprochés.

Trois autres Orchidacées sont en ce moment en fleurs ou en fruits dans les pannes humides : *Orchis Morio*, *O. latifolia incarnata*, et *Listera ovata*.

La première porte assez fréquemment une Urédinée. On voit sur les feuilles des cercles concentriques : les internes sont ouverts et déjà vides; les moyens sont surélevés et remplis de spores jaunes; les externes sont encore jeunes et peu marqués. C'est *Caeoma Orchidis*, qui s'accroît en décrivant des circonférences de plus en plus grandes. Les écidiospores produites germent sur les feuilles de *Salix repens* et y donnent le *Melampsora repentis*, commun en été.

Nous déterrons un *Pyrola rotundifolia*. Il n'est pas encore fleuri, mais on le reconnaît aisément à ses feuilles coriaces, persistantes; elles sont réunies par 4 à 6 sur des tiges très courtes naissant sur des rhizomes souterrains; chacun de ces rameaux porte la première année 2 à 4 feuilles; le second printemps, 2 ou 3 feuilles s'y ajoutent, puis la tige s'allonge en une hampe terminée par une petite grappe; après avoir fleuri, le rameau peut encore persister un an ou deux, et aider à la nutrition carbonée de la plante.

Les rhizomes portent des racines de deux sortes : les unes pâles, fines, ramifiées, garnies de poils radicaux, ont les fonctions des racines ordinaires; les autres, renflées en massue, brun-foncé, s'associent à un Champignon et deviennent des mycorhizes. Il est probable que le Champignon est absolument indispensable à la vie du *Pyrola*; on peut du moins l'inférer du fait que les graines de *Pyrola* ne germent jamais dans un sol ordinaire : peut-être leur faut-il pour cela le concours du Champignon, tout comme aux graines des Orchidacées.

Chez ***Monotropa Hypopitys***, Éricale voisine de ***Pyrola***, les mycorhizes mettent la plante en mesure de renoncer complètement à l'assimilation chlorophyllienne et de prendre tous ses aliments carbonés aux matières humiques. Cette espèce assez commune dans les dunes de Hollande est fort rare chez nous : nous en avons rencontré aujourd'hui un seul exemplaire et j'en ai vu un autre, en 1907, trouvé à La Panne.

Les averses de ce matin ont gonflé les *Collema*; aussi ont-ils maintenant l'aspect de petites lames plissées, vert-foncé, portant de nombreuses apothécies brunes assez claires. Ce sont, comme on le sait, des lichens où l'organisme vert n'est pas une Algue, mais un ***Nostoc***, dans la gelée duquel rampe le mycelium du Champignon. Et voici précisément des ***Nostoc commune***, affaissés par terre comme des sacs vides et déchirés.

Une plante qui ne peut manquer d'attirer l'attention, est ***Plantago Coronopus***. Rien de varié comme la découpure de ses feuilles. Sur les individus rabougris elles sont linéaires et presque entières, tandis que les grands exemplaires les ont en général pennatifides ou pennatipartites. Ces nombreuses feuilles étroites étalées sur le sol en rayonnant forment un cercle d'une régularité parfaite.Chaque feuille naît au centre de la figure; elle est d'abord dressée mais elle se recourbe bientôt vers la périphérie et s'applique étroitement sur le sol. De même les 30 ou 40 hampes radicales que donne chaque plante, s'étalent vers le dehors. L'ensemble des feuilles et des épis d'un ***Plantago Coronopus*** écrase littéralement toutes les herbes de petite taille qui poussaient autour de lui dans un rayon d'une dizaine de centimètres. Voilà du moins un être qui n'y va pas par quatre chemins pour lutter contre ses rivaux et les supprimer.

Un autre organisme use d'arguments analogues et tout aussi définitifs; c'est un lichen, ***Peltigera canina***. Le thalle s'accroche au sol par de solides cordons mycéliens. Le bord jeune de chaque lobe est dressé, mais dès qu'il prend de l'âge et de la consistance il s'aplatit par terre, étouffant les Mousses, les lichens et même les ***Sedum acre*** qui ont eu la malchance de croître à sa portée. La devise de ***Plantago Coronopus*** et du ***Peltigera*** n'est pas : « Ôte-toi de là que je m'y mette! », mais tout bonnement : « Reste si tu veux; je me charge de t'étouffer! » Le résultat final est d'ailleurs le même : ***Vae victis***!

*
* *

*Peltigera*, Mousses, *Sedum acre*... mais ce ne sont pas des habitants de la panne humide! En effet, nous sommes arrivés, sans nous en apercevoir, dans des parties un peu plus élevées et plus sèches. Aussitôt la scène change. Les plantes marécageuses qui nous ont accompagnées jusqu'ici s'effacent l'une après l'autre ; dans les lacunes du tapis de Saules rampants, de plus en plus disjoint, s'établissent des Mousses et des lichens, organismes qui ne jouent qu'un rôle très effacé dans les creux plus humides, mais qui deviendront prépondérants quand nous monterons encore.

Parmi les Mousses des pannes sèches, la plus intéressante est *Climacium dendroides* avec ses élégants panaches de feuilles bronzées (phot. 30 *C.d.*) : à l'intérieur du pays, elle habite uniquement les marais, tandis qu'ici elle évite soigneusement les endroits humides. En sa compagnie se voient les larges gazonnements homogènes de *Hypnum cupressiforme lacunosum* et de *Thuidium abietinum* (phot. 30, *T. a.*) et les coussinets de *Ceratodon purpureus*. Les lichens, qui ne comprennent dans les fonds que *Collema*, sont représentés ici par toute une série de *Cladonia* : *C. pyxidata*, *C. sylvatica*, *C. furcata* (phot. 30 *C. f.*), et surtout *C. alcicornis* dont les thalles d'un vert gris sont tellement serrés qu'ils sont comme imbriqués; d'ailleurs tous les *Cladonia* forment des groupements fermés, d'où les autres végétaux sont exclus.

Nous voyons reparaître maintenant les espèces sabulicoles qui manquent totalement dans les fonds humides. Peut-être leur défaut ne nous avait-il pas frappés, puisqu'on remarque naturellement moins l'absence d'une chose que sa présence, mais le fait est certain : dans les pannes humides, malgré la nature sableuse du terrain, il n'y a aucune plante adaptée au sable, tant l'humidité du sol prime les autres facteurs. Mais dans la panne sèche la structure mécanique du terrain reprend toute sa valeur, et la flore comprend de nombreuses plantes des sables : *Ammophila arenaria*, *Phleum arenarium*, *Corynephorus canescens*, *Carex arenaria*, *Silene conica*, *Jasione montana*, *Brachythecium albicans*.

D'autres espèces sont simplement adaptées aux stations arides, quelle que soit la texture du sol, sableuse ou argileuse, meuble ou rocheuse. C'est aussi la sécheresse du milieu qui leur plaît ici. Citons : *Festuca ovina*, *Ranunculus bulbosus*, *Trifolium minus*, *T. campestre*, *Polygala vulgaris*, *Sedum acre*, *Veronica Chamaedrys*, *Thymus*

*Serpyllum, Hieracium Pilosella.* Cette catégorie-ci est la plus nombreuse, car la caractéristique de cette station est précisément sa sécheresse : quoique la nappe aquifère ne soit qu'à 1 ou 2 mètres de profondeur, le liquide ne monte guère par capillarité entre les grains de sable, trop gros, et la surface reste à peu près sèche.

D'autres plantes sont ubiquistes ; elles s'emparent de tout coin de terre qui n'est pas déjà trop occupé : par exemple *Lotus corniculatus, Erodium cicutarium, Senecio Jacobaea, Achillea Millefolium, Leontodon* (*Thrincia*) *hirtus, Hypochoeris radicata.*

L'immigration des espèces calcicoles est plus considérable que dans les creux : *Arabis hirsuta, Orobanche Galii, Helianthemum Chamaecistus, Cynoglossum officinale, Asperula cynanchica ;* en outre *Cirsium acaule,* déjà vu plus bas, se maintient ici.

Enfin il y a aussi quelques-uns de ces végétaux de races particulières que nous verrons plus nombreux sur les dunes fixées : *Festuca rubra arenaria, Ononis repens maritima, Viola tricolor sabulosa, Anthyllis Vulneraria maritima.*

A plusieurs reprises l'un ou l'autre d'entre nous était resté en arrêt devant des pistes circulaires, de rayon variable, à la périphérie desquelles l'herbe est plus verte et plus vigoureuse. La bande plus foncée est large d'une vingtaine de centimètres. Ces curieuses traces n'existent que sur les pelouses où la végétation est composée d'herbes plutôt que de Mousses ou de lichens. L'explication est simplement celle-ci : ces cercles sont des ronds de sorcières ; en septembre elles seront jalonnées de *Marasmius Oreades* (voir *Protection*, fig. 66). Ce Champignon doit-il son nom d'*Oreades* à l'idée qu'il pousserait aux endroits où les nymphes ont dansé des rondes ?

*
* *

Ne nous attardons pas dans les pannes sèches, qui ne sont, au fond, qu'une transition reliant les fonds humides aux dunes fixées.

Nous grimpons sur une de ces dernières, une haute dune qui domine d'un côté la grande panne étalée entre nous et les collines bordant l'estran, et, de l'autre, une seconde panne complètement mise en culture, qui s'avance jusqu'aux premières maisons d'Oostduinkerke.

Ne nous laissons pas tromper par ce terme : dunes fixées ; il ne signifie pas du tout qu'elles soient complètement soustraites à l'action du vent, mais simplement que la majeure partie de la surface y est immobilisée par la végétation. Il suffit d'ailleurs que, sur le versant Ouest, un terrier de Lapin ait mis à nu le sable, ou qu'un talus trop raide se soit écroulé, pour que les tempêtes aient aussitôt prise sur la dune. La plaie, d'abord minime, s'élargit à chaque coup de vent (fig. 54 et phot. 15 à 18) jusqu'à l'effacement total de la colline. L'échancrure a toujours la même orientation et le même aspect : ouverte vers le quadrant Ouest, elle est aussi exactement circulaire que le permet la conformation conique de la dune. C'est au centre qu'elle est la plus profonde, tandis que les bords sont à peu près verticaux ou même surplombants; ils sont, en effet, soutenus par un réseau serré de racines et de rhizomes, surtout de ***Festuca rubra arenaria*** et de ***Carex arenaria*** (voir ***Protection***, fig. 57.) De temps en temps, un paquet de sable et de plantes tombe du bord supérieur, presque toujours en porte-à-faux, et glisse sur le sable nu. Si les tempêtes ne soufflent pas trop fréquemment pendant une année ou deux, cet amas de végétation reprend racine, arrête au passage le sable et les graines et conduit ainsi à la reconstitution d'une surface stable. Ces îlots agissent comme les petits greffons de peau saine que les chirurgiens appliquent sur les surfaces ulcérées pour hâter leur cicatrisation.

Du point où nous sommes, si nous regardons vers l'Est, nous voyons la plupart des dunes présentant, à des degrés divers, des échancrures caractéristiques en forme de cuvette, avec leur ourlet de plantes déchaussées; vers l'Ouest, au contraire, nous n'apercevons que les faces où le sable se dépose et où l'Oyat pousse avec vigueur.

La facilité avec laquelle nous avons fait l'ascension de notre haute dune nous a renseignés sur la consolidation du sable superficiel par les plantes, alors même que toute notre attention était dirigée vers le lointain. Et ce ne sont pas seulement des Phanérogames qui soutiennent le sable et l'empêchent de crouler sous nos pas : les Mousses sont bien plus importantes, en toute première ligne ***Barbula ruralis*** (phot. 30, ***B. r.***). L'Oyat, répète-t-on depuis toujours, est le ciment naturel de la dune. Erreur profonde ! L'Oyat ne prospère que dans le sable non tassé, nouvellement déposé, et sa présence indique donc que l'endroit est instable ou l'était il y a peu de temps. Si l'on emploie cette plante de préférence à toute autre pour empêcher le vent de creuser davantage une dune déjà entamée, c'est parce qu'on peut se la procurer en quantité indéfinie et parce que ses feuilles brisent le vent et arrêtent ainsi l'érosion éolienne. Lorsque le niveau reste constant pendant quelques années entre les Oyats, les *Festuca rubra arenaria* arrivent et introduisent dans le sable leur lacis de rhizomes et de racines. Mais le fixateur par excellence, celui qui étend sur la colline un manteau continu, sans le moindre trou, est *Barbula ruralis;* ses petites tiges sont dressées côte à côte dans le sable de façon que leur pointe affleure tout juste.

Dans la couverture de *Barbula* sont piquées d'autres plantes : nous reconnaissons aussitôt celles que nous avons déjà notées dans la panne sèche; puis il y en a un grand nombre de nouvelles : *Thalictrum minus dunense, Silene nutans, Erodium cicutarium, Convolvulus arvensis, Galium verum littorale, G. Mollugo, Hieracium umbellatum, Koeleria cristata arenaria, Epipactis latifolia,* etc.

Où les *Barbula* font défaut se montrent d'autres Mousses, parmi lesquelles *Campothecium lutescens*, et aussi des lichens vivant en sociétés homogènes, surtout *Cladonia furcata.*

***

Remarquez-vous que les dunes fixées ont une tout autre teinte que ce matin? Voici plusieurs heures que les nuages passent au-dessus de nos têtes sans nous gratifier de la moindre petite averse ; aussi la surface des monticules est-elle devenue sèche et poudreuse. Mais ce n'est pas sur le sable nu que le changement de ton nous frappe, mais bien sur les surfaces garnies de *Barbula ruralis* : au matin elles avaient des reflets bronzés. chatoyants, tandis que leur teinte est maintenant d'un brun-gris uniforme. Chaque tige a ses feuilles relevées et les poils blancs qui les terminent sont réunis en pinceau au-dessus du sommet du ramuscule. (Phot. 20, *B. r.*) Pendant que nous sommes assis, chacun avec son brin de Mousse en main pour l'étudier à loisir, survient brusquement l'explication du changement de couleur de la dune. Quelques gouttes de pluie frappent les *Barbula* autour de nous. A l'instant même les petites houppes de feuilles se mettent en mouvement : d'abord les poils blancs s'écartent, puis les feuilles elles-mêmes s'inclinent vers le dehors, et avec elles apparaît une magnifique teinte vert-mousse. Rien de plus démonstratif que ces petites taches mouillées et vertes, de la dimension d'une goutte, séparées par des espaces bruns non encore touchés par la pluie.

Est-ce que réellement la Mousse sèche, devenue raide et cassante, est capable de reprendre vie au contact d'une goutte d'eau et de fonctionner ensuite normalement? Quelque invraisemblable que ce soit, c'est pourtant vrai : elle a acquis la reviviscence, c'est-à-dire la faculté de se laisser dessécher impunément et de revenir à l'existence pleinement active dès que le liquide lui est rendu. Cette merveilleuse ressource est commune à toutes les Mousses et à tous les lichens de la dune, même à certains Champignons (*Marasmius Oreades*, *M. caulicinalis*, *Tulostoma mammosum*) et à des Schizophycées (*Nostoc commune*). Ces plantes peuvent habiter les endroits les plus secs, où elles n'auront de l'eau que lors des pluies : pendant les intervalles entre les ondées, dès que le vent a extrait toute l'eau superficielle et que le reste du liquide a filtré vers la profondeur, elles adoptent tout bonnement l'état de vie latente; mais la moindre humidité, la rosée même, suffit à les tirer momentanément de leur torpeur.

Chez beaucoup de ces plantes, la dessiccation ne détermine guère qu'une modification de la teinte : *Camptothecium lutescens*, *Cladonia furcata*, *C. pyxidata*. D'autres changent aussi leur forme : *Thuidium abietinium*, tout comme *Barbula*, replie ses feuilles vers le haut; les *Collema* et *Nostoc commune* se ratatinent au point de devenir méconnaissables; *Cladonia alcicornis* qui étale si gentiment ses thalles à l'humidité, relève leurs bords quand il sèche et laisse voir leur face inférieure blanchâtre.

La reviviscence n'est évidemment pas à la portée de toutes les plantes. Les rouages compliqués d'une Phanérogame ne s'accommoderaient pas de semblable traitement. Il leur faut pourtant quelque moyen d'éviter la mort par la soif. La plupart d'entre elles réduisent la transpiration au strict nécessaire pendant la saison chaude. Comparons, par exemple, les larges limbes étalés des Graminées habitant les pannes humides (*Festuca arundinacea*, *Calamogrostis Epigeios*, *Holcus lanatus*, *Poa pratensis*, *Phleum pratense*) avec les feuilles enroulées des espèces de la dune, telles que *Corynephorus canescens*, *Ammophila arenaria*, *Festuca rubra arenaria*; remarquons à propos de ce dernier que la variété des dunes a les feuilles caulinaires sétacées, tandis que chez les variétés de l'intérieur elles sont planes. Les Dicotylédones ont aussi des dispositifs qui ralentissent la transpiration : épaississement de la cuticule, revêtement cireux, rigidité du feuillage, pilosité, étalement des feuilles sur le sol, etc. Ces adaptations sont trop connues pour qu'on doive les expliquer. Une seule, que voici, mérite un moment d'attention : dans les creux, ***Lotus corniculatus*** a les folioles étalées; sur la dune, elles se mettent verticalement et deviennent charnues.

Mais voici une catégorie de Phanérogames qui se comportent tout autrement dans la lutte contre la sécheresse. Ce sont des plantes annuelles, non de celles qui germent au printemps, fleurissent en été et fructifient en automne, mais des annuelles hivernales, germant en automne, fleurissant et fructifiant au printemps. Citons : ***Bromus tectorum***, ***Phleum arenarium***, divers ***Cerastium***, ***Silene conica***, ***Arenaria serpyllifolia***, ***Draba verna***, ***Saxifraga tridactylites***, ***Myosotis hispida***. De ces plantes annuelles hivernales, on peut rapprocher une plante vivace hivernale, ***Ranunculus bulbosus***: ses feuilles apparaissent en automne et fonctionnent en hiver; elle fleurit et fructifie au printemps, et est déjà rentrée dans le repos estival à la fin de juin. Nous avons beaucoup de peine à en trouver encore des échantillons non fanés; il en est d'ailleurs de même des annuelles hivernales. Aucune de ces plantes ne possède la moindre protection contre les excès transpiratoires: à quoi bon, du reste, puisqu'elles ne vivent que pendant la saison où la dessiccation n'est pas à craindre.

***

Ces considérations nous amèneraient à examiner un peu le climat du littoral. En avons-nous le temps? Oui, certes; cas il nous reste une heure avant le dejeûner, et le village d'Oostduinkerke n'est qu'à dix minutes d'ici: une demi-heure suffira bien pour que chacun se procure des cartes postales illustrées et les expédie à ses amis et connaissances. Asseyons-nous donc en rond, et regardons quelques cartes et diagrammes.

La première carte qui circule (fig. 49) a été dressée par M. Jean Vincent, ici présent; elle donne la distribution de la pluie en Belgique : le littoral en reçoit environ 800 millimètres.

Plus intéressante pour nous est la connaissance de la répartition de la pluie suivant les saisons. Le maximum de pluie tombe ici en automne et le minimun au printemps et au début de l'été. C'est au moment où les plantes vont exiger de grandes quantités de liquide, que celui-ci se fait rare ; car il ne pleut guère et toute l'eau tombée en hiver s'est maintenant infiltrée vers la profondeur où les plantes ne peuvent plus la rattraper.

Mais peut-être l'insuffisance de la pluie en été est-elle compensée par une très grande humidité atmosphérique, ce qui réduirait la transpiration. Non pas. Les observations ont montré que le degré hygrométrique n'est pas sensiblement supérieur à celui du reste de la Belgique.

Ceci nous explique pourquoi il y a tant de plantes hivernales sur la dune : c'est en hiver seulement qu'elles ne risquent pas de manquer d'eau.

Il y a pourtant une difficulté : la température n'est-elle pas trop basse en hiver pour que les plantes puissent croître? Le diagramme que voici va nous renseigner (fig. 50). On y voit qu'en toute saison, hiver comme été, les minima thermométriques sont moins bas sur le littoral qu'ailleurs, ce qui revient à dire que les nuits y sont moins froides. En hiver, les maxima sont plus élevés qu'ailleurs, tandis qu'en été ils sont plus bas; traduit en langage vulgaire, cela signifie que sur la côte les journées sont moins froides en hiver et plus fraîches en été. Bref, pendant les mois d'hiver, le thermomètre se tient toujours plus haut qu'à l'intérieur du pays.

Nous savons maintenant tout ce qui nous importe : en automne et en hiver, les plantes de la dune ont toute l'eau nécessaire et la température reste relativement douce; aussi, beaucoup de plantes ne s'assoupissent-elles pas complètement et, même, il en est pas mal qui ne sont actives que pendant la saison humide.

Ainsi donc, les particularités du climat littoral en hiver permettent d'interpréter la singulière répartition saisonnière de l'activité vitale chez certaines espèces. La distribution géographique de nos plantes serait-elle influencée également par les facteurs climatiques? A première vue, cela ne semble pas douteux; mais voyons les faits de plus près et examinons l'aire de dispersion de ***Phleum arenarium*** (fig.51). Cette Graminée habite dans le Midi tous les terrains sableux, aussi bien à l'intérieur du pays que sur la côte, tandis qu'au Nord du golfe de Gascogne, elle est strictement limitée aux littoraux, sans dépasser vers le Nord la pointe méridionale de la Scandinavie. Que signifie cette curieuse distribution? Que dans le Midi la plante trouve partout la température hivernale qui est nécessaire à sa croissance, mais que chez nous, les hivers ne lui sont assez doux que sur la côte. ***Phleum arenarium*** n'est pas unique en son genre : l'aire de dispersion du gros Coléoptère des dunes (***Polyphylla fullo***) et celle de l'Asperge ***Asparagus officinalis***) sont à peu près exactement calquées sur celle de ***Phleum;*** un lichen (***Ramalina evernioides***) que nous récolterons cet après-midi est, lui aussi, localisé sur le littoral en Belgique, mais non en France.

Jusqu'ici nous avons fixé notre attention sur les températures de la saison froide. Un mot sur celles de l'été. Quelle répercussion les journées moins chaudes du littoral auront-elles sur la flore? Tout d'abord la végétation est ralentie. Ainsi, on sait qu'à latitude égale, la moisson se fait plus tard sur le littoral qu'en Flandre. Mais la question la plus importante pour nous serait de savoir si la fraîcheur relative de l'été a attiré sur la côte certaines espèces ou si elle en a exclu d'autres. Pour le premier point, rien de certain. Quant au second, la réponse est affirmative; car on ne s'expliquerait pas autrement que beaucoup d'espèces, qui sont communes ailleurs en Belgique, manquent au littoral ou y sont très rares, quoiqu'il y ait, soit dans les dunes, soit dans les polders, des stations appropriées à leurs besoins : ***Valeriana officinalis***, ***Ulmaria palustris (Spiraea Ulmaria)***, ***Galium Cruciata***, ***Melandryum diurnum***, ***Hottonia palustris***, ***Symphytum officinale***, ***Knautia arvensis***, ***Hypericum perforatum***, ***H. quadrangulum***, ***Stellaria aquatica***, ***S. Holostea***, ***S. uliginosa***, ***Carduus crispus***, ***Caltha palustris***, ***Origanum vulgare***, ***Verbascum Thapsus***, ***Scrophularia nodosa***, ***Campanula rotundifolia***, même le Bluet (***Centaurea Cyanus***) et la Nielle (***Agrostemma Githago***).

## B. — *Les dunes fixées et les polders de Coxyde.*

L'après-midi débute par une promenade d'Oostduinkerke à Coxyde, le long des petits champs épars dans la panne. (Voir ***Protection***, fig. 65.) Tous les fonds assez plats ont été nivelés, puis entourés de brise-vent en Peupliers et en Aunes (phot. 19,35), tandis que les bosses conservaient leur végétation naturelle, quelque peu modifiée par le pâturage. Les minuscules fermes sont occupées par des pêcheurs, qui employent leurs loisirs à cultiver un peu de Seigle et de Pommes de terre. Les habitations sont tournées avec la façade vers le Sud et il n'est pas rare de voir une Vigne grimper sur le toit de ce côté.

Les jardinets qui nous convient à admirer leurs fleurs, entre les maisons et la route, témoignent aussi de la douceur du climat. On y voit des Lauriers (*Laurus nobilis*), des Aurones (*Artemisia Abrotanum*), des Santolines (*Santolina Chamaecyparissus*), des Menthes Coq (*Tanacetum Balsamita*), et d'autres plantes méridionales qui succombent aux hivers à l'intérieur du pays.

Il y a dans les champs de Pommes de terre pas mal de choses pour le vasculum. *Sisymbrium Sophia* et *Anthriscus sylvestris*, déjà fructifiés, *Brassica nigra*, devenant haut de deux mètres, *Gnaphalium luteo-album*, encore très jeune et à peine reconnaissable. Nous remarquons aussi les grosses écidies orangées de *Puccinia Rubigo-vera* dans les concavités des feuilles gondolées de *Lycopsis arvensis;* assez souvent le Champignon parasite est, à son tour, parasité par un confrère, *Darluca Filum*.

Sur les talus portant les brise-vent, nous récoltons aussi diverses plantes : *Torilis nodosa*, *Carduus tenuiflorus*, *Onopordon Acanthium* en exemplaires de toute beauté, *Melandryum album* avec ses fleurs abondamment pourvues d'*Ustilago violacea*, etc.

Nous quittons la route au moment où elle bute contre les hautes dunes. Parvenus à leur sommet, jetons un coup d'œil sur les cultures que nous venons de longer. Rien de charmant comme les innombrables maisonnettes blanches, toutes orientées de même, à volets verts, à toit rouge, scrupuleusement propres, isolées au milieu de la verdure. (Voir *Protection*, fig. 65.)

*
* *

Et maintenant reprenons l'herborisation dans les dunes. Nous retrouvons toutes les plantes déjà vues ce matin dans les dunes fixées et les pannes sèches; en outre, quelques nouveautés. Celle qui nous attire le plus vivement est *Thesium humifusum*. Un individu, déterré avec tout le respect et toute la délicatesse requises, étale à nos yeux son intéressante structure de parasite : ses racines blanches implantent leurs suçoirs, semblables à des ventouses de Poulpe, sur tout ce qu'elles touchent de vivant dans leur trajet souterrain. Aucun choix n'est exercé : toutes les plantes sont égales devant *Thesium*, toutes sont également aptes à devenir ses victimes. Avec une louable impartialité, il exploite tout ce qu'il rencontre, sans manifester jamais ni préférence ni dédain. Quand on veut se procurer de beaux échantillons, bien démonstratifs, on a soin de les prendre parmi les *Ononis repens maritima* ou les *Galium verum littorale* : sur les grosses racines noires du premier, ou sur les rhizomes bruns du second, les suçoirs blancs, souvent alignés au nombre d'une dizaine, se détachent nettement.

Parmi les *Thesium* normaux, à rameaux couchés, déjà garnis de leurs petites fleurs blanches, il en est dont les rameaux sont dressés, jamais fleuris, et les feuilles couvertes de très petites cupules jaunes : elles sont attaquées par une écidie. Nouvel exemple de parasitisme à la seconde puissance, dont *Puccinia Rubigo-vera*, et *Darluca* nous avaient déjà fourni un cas.

Pendant que nous fouillions parmi les racines d'*Ononis* à la recherche des suçoirs de *Thesium*, nous avons été frappés de la curieuse conformation de ces racines. Aucune ne se continue à son bout supérieur avec une tige ; toujours cette extrémité est tronquée comme si elle était décomposée, et les tiges y naissent latéralement. Cela tient à ce que chaque automne tous les organes caulinaires d'*Ononis* meurent, et la plante hiverne à l'aide de ses racines sur lesquelles poussent de petits drageons. Au printemps ceux-ci s'allongent vers le haut et produisent les rameaux florifères. Chaque tige a donc une existence éphémère ; elle naît en automne et dure jusqu'à l'automne suivant. Les racines, au contraire, sont vivaces.

Deux autres observations encore sur *Ononis*, puisque nous l'avons en mains. La variété maritime diffère du type d'*Ononis repens*, en ce que les tiges sont couchées, mais non radicantes, même à leur base, sans la moindre épine, et en ce que les poils glanduleux sous lequels les feuilles sont cachées ont une sécrétion visqueuse fort malodorante. Tous les rameaux que nous cueillons par cette journée venteuse disparaissent sous une carapace de sable collé aux poils. Derrière son écran, *Ononis* est parfaitement à l'abri de la mitraillade par les grains de sable et les menus coquillages, qui fait tant de tort au feuillage des autres plantes.

M. Bommer fait remarquer aussi que le revêtement siliceux, autant que l'odeur nauséabonde, éloignent sans doute d'*Ononis* les Lapins de la dune; tout au moins n'observons-nous pas une seule de ces plantes qui ait été rongée.

Nous ne nous sommes pas encore remis debout que déjà d'autres objets réclament notre attention. Voici des ***Viola canina***, de la variété *lancifolia*, avec les feuilles supérieures ovales-lancéolées (et non cordées, comme dans le type); elles sont attaquées par un Champignon parasite, ***Puccinia Violae***. Celui-ci a la réputation d'exploiter indistinctement toutes les espèces de ***Viola***, mais dans les dunes ***Viola tricolor sabulosa*** n'est jamais atteint.

Et pourtant il n'en manque pas, de ***Viola tricolor sabulosa!*** De toutes parts les délicieuses fleurs de Pensée grimacent sur le tapis de Mousses. Et quelle diversité dans leurs teintes! Gardons-nous toutefois de mettre tout cela sur le compte de la variabilité. Les différences de couleurs sont, en effet, de deux ordres : les unes entre les fleurs d'âge successif sur un seul individu; les autres entre les fleurs de même âge, mais d'individus distincts. Voyons d'abord la première sorte. La fleur fraîchement ouverte est notablement plus pâle que celle qui montre déjà le léger recoquillement des pétales, précurseur de la fin; d'habitude les toutes jeunes corolles n'ont de coloration violette que sur les deux pétales supérieurs, alors que les plus âgées sont non seulement nuancées davantage sur ces pétales, mais ont encore une coloration violette bien marquée sur les pétales latéraux et inférieur. Simple question de temps, comme on voit, puisque toutes les fleurs du même âge, portées par une même plante, ont exactement la même disposition de teintes. Il en est tout autrement si nous cueillons des fleurs encore incomplètement étalées — pour être sûr de les avoir d'âge égal — sur des plantes séparées : nous en voyons qui ne portent pas le plus petit ton violet; d'autres n'ont que les deux pétales du haut teintés; d'autres encore sont plus ou moins violettes sur toute leur étendue. Bref, la gamme des variations de la corolle est aussi grande entre les diverses plantes qu'entre les âges successifs. Les nombreuses fleurs jeunes, provenant d'autant de plantes, nous montrent encore ceci : tous les degrés sont représentés depuis la fleur la plus pâle jusqu'à celle qui est violacée partout; toutefois, la plupart des fleurs ne sont ni tout à fait blanc-crème, ni tout à fait violettes, mais plutôt de teintes intermédiaires : autrement dit, la majorité des individus se groupent autour de la moyenne. C'est donc à une fluctuation que nous avons affaire ici, et non à une mutation.

Regardons une autre fluctuation dans la couleur : *Orobanche Galii*, très abondant sur *Galium verum littorale*, a des inflorescences de toutes les teintes imaginables depuis le chamois jusqu'au pourpre-brunâtre, avec prédominance de celles qui tiennent le milieu entre les deux extrêmes.

*Polygala vulgaris*, qui foisonne sur ces dunes, présente aussi des variations de coloris; seulement toutes les plantes ont une teinte voisine, soit du blanc, soit du rose, soit du bleu; entre ces trois groupes, nulle transition. Chez cette espèce nous nous trouvons probablement en présence de fluctuations et de mutations, à la fois : les mutations ont donné naissance aux trois variétés de couleur; aux fluctuations il ne faut rapporter que les petites oscillations autour de chacun des trois tons fondamentaux. Il serait fort intéressant de semer des graines des trois formes pour pouvoir dresser un tableau de l'étendue de leurs fluctuations. Mais que celui qui entreprend cette étude n'oublie pas ce point-ci : c'est que personne jusqu'ici n'a réussi à faire germer des graines de *Polygala vulgaris*. Les racines de cette plante sont normalement associées à un Champignon, comme celles du *Pyrola* de la panne. Peut-être les graines ne germent-elles qu'avec le concours de l'associé habituel de la mycorhize.

***

Depuis ce matin, nous constatons que beaucoup de plantes des dunes sont considérées comme des variétés spéciales d'espèces habitant l'intérieur. Leur nom porte la marque de cette opinion : *Koeleria cristata arenaria, Festuca rubra arenaria, Thalictrum minus dunense, Viola canina lancifolia, V. tricolor sabulosa, Anthyllis Vulneraria maritima, Ononis repens maritima, Galium verum littorale*. Mais un nom, même latin, n'est tout de même qu'une étiquette, et il est peut-être permis de supposer timidement que parfois une étiquette n'a pas été collée à bon escient. Une dénomination latine donnée à une espèce, doit signifier ceci : la plante ainsi désignée possède un ensemble de caractères innés et transmissibles, qui sont constants dans les limites de la fluctuation.

Avant de donner un nom, il est donc essentiel de s'assurer que l'organisme est vraiment porteur de tels caractères, proprement spécifiques, et qu'il n'a pas uniquement des caractères qui sont sous l'influence immédiate de conditions externes. Ainsi les *Polygonum amphibium* récoltés ce matin ne méritent pas les noms latins dont on les a affublés (*coenosum*, *terrestre*, *natans*), puisqu'il n'y a qu'un seul *Polygonum amphibium*, qui prend, suivant les cas, tel aspect ou tel autre; les trois *Fucus* de Nieuport (*F. vesiculosus*, *F. platycarpus*, *F. ceranoides*) n'ont droit qu'à un seul nom, car là aussi il y a une plante unique qui s'accommode diversement aux divers milieux. En serait-il de même de nos variétés des dunes? L'expérience seule peut nous renseigner. Or, je ne l'ai faite que pour *Festuca rubra arenaria*. Cultivée dans un sol limoneux, frais et modérément ombragé, la plante conserve la forme sétacée des feuilles caulinaires, la longueur des feuilles radicales, la grosseur et la pubescence des épillets. Ce sont là des caractères spécifiques. Quant à la teinte grise des feuilles, il n'en est rien resté : c'est un caractère purement accommodatif qui disparaît dès que font défaut les conditions déterminant son éclosion.

***

Tantôt assis pour causer plus à l'aise, tantôt marchant, le plus souvent à quatre pattes, nous sommes venus à bout de la centaine de mètres qui nous séparaient du Terrain expérimental. Il y a une dizaine d'années le Jardin Botanique de Bruxelles a établis dans les divers districts géobotanique de la Belgique, des Terrains destinés à des expériences et à des observations, précises sur la flore de ce district et sur la façon dont se conduisent des plantes étrangères mises en concurrence avec la végétation naturelle. Tous ces Terrains, sauf celui-ci, ont été abandonnés, pour des raisons budgétaires.

Les introductions d'arbres et d'arbustes qui avaient été entreprises dans le terrain de Coxyde, situé en pleine dune, ont été fort démonstratives quant à la pauvreté et à l'aridité du sol. (Phot. 15.) Les observations faites jusqu'en 1907 ont été publiées dans *Essai de géographie botanique des districts littoraux et alluviaux*. Les résultats sont devenus encore plus frappants, surtout à la suite de l'été exceptionnel de 1911. On peut les résumer comme suit :

La plupart des espèces ont succombé, soit tout de suite, soit après une agonie de plusieurs années. Celles qui ont résisté jusqu'ici peuvent se partager entre trois groupes. Les premières sont maintenant beaucoup plus petites qu'au moment de la plantation, en 1902 ou 1904; chaque année elles se réduisent davantage; peut-être vivoteront-elles encore un an ou deux, mais leur sort est fixé : elles périront dès qu'elles n'auront plus la force de pousser des rameaux portant deux ou trois pauvres feuilles. Les deuxièmes sont tout aussi lamentables que les précédentes aux endroits secs; mais dans les creux humides elles viennent un peu mieux: elles s'accommoderaient de la faim, mais ne peuvent pas supporter à la fois la faim et la soif. Les troisièmes sont les résignées : elles se sont maintenues malgré tout; sans doute leur croissance est difficile et lente, mais elle se poursuit régulièrement. A ce dernier groupe n'appartiennent guère que des Conifères, ces parents pauvres de la flore actuelle, relégués partout et toujours dans les coins dont personne ne veut.

La sécheresse de l'été dernier a porté un coup décisif à la plupart de ces arbres et arbustes, déjà si éprouvés par les privations subies les années précédentes. Pensez donc qu'en 1911, du 15 juillet au 15 septembre, le Terrain expérimental de Coxyde n'a pas reçu une goutte d'eau. En d'autres points du littoral, des orages locaux ont pu apporter un peu de pluie; ainsi à Furnes, il est tombé 15 millimètres d'eau en août, d'après des renseignements fournis par M. Vincent, mais aucun orage n'a crevé sur le village de Coxyde. Pendant cette période désertique, qui dura deux mois, on n'observa pas une seule fois de la rosée; aussi le sable était-il sec comme poudre jusqu'à une profondeur de plusieurs décimètres. Et comme s'il ne suffisait pas de l'aridité du sol, alliée à l'aridité de l'air, la chaleur, elle aussi, devint exceptionnelle. J'ai observé à la fin de juillet à la surface du sable nu, des températures de 62°8 : il était impossible de garder la main par terre, ni de toucher la boule du thermomètre qu'on venait de retirer du sable; pendant que j'étais occupé à observer le thermomètre, des enfants, pieds nus, qui étaient accourus pour me regarder faire, s'enfuirent au plus vite en criant que les pieds leur cuisaient.

Quel malheur furent pour les plantes de la dune cette sécheresse et cette chaleur inusitée, on ne l'imagine que trop facilement Déjà à la fin de juillet, c'est-à-dire quinze jours après le début de la période sèche, les arbustes avaient les feuilles jaunes ou rougissantes, prêtes à tomber; chez d'autres, elles pendaient fanées et enroulées; ailleurs elles étaient mortes et sèches. Vers le 10 septembre, toutes ces misérables plantes ligneuses étaient complètement dépouillées, et nombre de rameaux étaient mortifiés jusqu'à rez de terre.

D'ailleurs. comment des plantes étrangères, amenées de force sur la dune, auraient-elles pu résister à ces épreuves, quand on voyait la flore native décimée elle-même ? Dans la dernière semaine de juillet, les dunes étaient déjà pénibles à voir. Plus rien de gai, plus rien de vert; partout le gris et la désolation. Les *Barbula* contractés au maximum, s'étaient pour ainsi dire retirés sous le sable. Chez beaucoup de Graminées (*Festuca rubra arenaria*, *Koeleria cristata arenaria*, *Corynephorus canescens*, même quelques *Ammophila arenaria*) et chez *Carex arenaria*, les feuilles adultes étaient complètement desséchées ; seules les plus jeunes avaient gardé une teinte verte dans leur partie basilaire, la dernière formée. Pour beaucoup de Dicotylédonées le mal était encore plus grand: toutes les feuilles étaient flétries ou déjà parcheminées, y compris les plus jeunes ; citons *Silene nutans*, *Anthyllis Vulneraria maritima*, *Saponaria officinalis*, *Hippophaës rhamnoïdes*, *Erythraea Centaurium*, *Leontodon autumnalis*, *L. (Thrincia) hirtus*, *Hieracium Pilosella* ; les *Sedum acre*, couchés sur le sol surchauffé, n'avaient plus de vivantes que les feuilles terminales de chaque tige; puis, jusqu'à la base, les rameaux portaient de petits sacs ratatinés, flasques, vidés de leur réserve d'eau. Les dunes fixées, d'ordinaire si fleuries en cette saison, étaient à peine égayées par quelques capitules bleus de *Jasione montana* ou jaunes de *Hypochoeris radicata*; quant aux *Silene*, *Anthyllis*, *Erythraea*, ils avaient dû renoncer à épanouir leurs corolles.

On s'attendrait naturellement à ce que la désolation allât en s'accentuant jusqu'au retour des pluies, vers le 15 septembre. Or, il n'en fut rien. Les plantes qui étaient verdoyantes en juillet étaient restées telles après deux mois de fournaise : *Jasione*, *Hypochoeris*, *Hieracium umbellatum*, *Ononis repens maritima*, la Pensée et quelques autres s'obstinaient à vivre malgré la soif ; elles réussissaient même à fleurir, moins profusément, à la vérité, que d'habitude... mais qui donc aurait songé à leur reprocher leur parcimonie !

Venons-en maintenant au point essentiel : quelle action cet été extraordinaire a-t-il exercé sur la composition de la flore ? Les observations faites au Terrain expérimental permettent d'assurer que le trouble est moins profond qu'on ne l'aurait craint. L'aspect des dunes en 1912 n'a rien d'insolite ; chaque espèce occupe sa station habituelle. On pouvait s'attendre à leur extermination totale quand on avait vu leurs feuilles raccornies par la soif ; or, pas du tout, les voilà qui ont repoussé sans difficulté apparente, preuve que la vie s'était concentrée, l'été dernier, dans leurs organes souterrains. Une espèce pourtant a été sérieusement endommagée : c'est *Leontodon autumnalis* ; tous les individus ont disparu sur les monticules et la plante n'existe plus que dans les pannes un peu humides.

*
* *

Il nous reste une expérience à voir dans le Terrain expérimental. En 1902 une mare fut creusée dans une des pannes et j'y introduisis toutes les plantes aquatiques que je pus me procurer dans les dunes et les polders, aux environs de Coxyde. Depuis 1902 plus aucune addition ne fut faite à la mare, et jamais non plus on n'y enleva rien : on laissait les organismes lutter librement entre eux pour la conquête de la place.

Au point de vue de leur habitat naturel, les espèces mises en concurrence dans la mare forment trois catégories : 1° celles qui habitent les fossés des polders, mais non les mares des dunes ; 2° celles qu'on trouve à la fois dans les polders et dans les pannes ; 3° celles qui vivent dans les pannes, mais non dans les polders.

Les observations faites jusqu'en 1907 ont été publiées dans *Essai de géographie botanique des districts littoraux et alluviaux.* En voici le résumé. Presque toutes les plantes du premier groupe sont mortes, affamées, au bout de peu de temps. Celles qui fréquentent à la fois les eaux riches des polders et les eaux pauvres de la dune ont mieux résisté. Mais les plus florissantes sont celles de la dune, habituées depuis toujours à se contenter d'un liquide où les aliments sont rares.

Depuis 1907 un revirement se produit dans la lutte pour l'existence. Le Roseau (*Phragmites communis*), plante de la deuxième catégorie, avait boudé pendant plusieurs années : il donnait de longs stolons qui envahissaient insidieusement toute la mare, mais ne produisaient que des tiges assez chétives, parvenant tout juste à fleurir. Or, depuis 1908, les tiges aériennes sont devenues de plus en plus vigoureuses et nombreuses et actuellement *Phragmites* est le maître incontesté de la mare expérimentale ; les autres espèces sont à peine tolérées à son ombre, et d'ici à peu d'années il aura étouffé ses concurrents jusqu'au dernier.

***

Un coup d'œil à trois mutations. Les deux premières ont déterminé la perte d'un caractère, la coloration de la fleur : ce sont *Ononis repens maritima alba* et *Jasione montana alba*. L'autre au contraire a amené l'éclosion d'un caractère nouveau : une couche cireuse sur les feuilles de *Festuca rubra arenaria glauca*. Celui-ci et *Jasione* sont parfaitement constants de semis ; pour *Ononis* l'expérience n'a pas été tentée.

***

Encore une chose qui ne peut pas manquer de nous frapper au Terrain expérimental : les gros buissons de Peuplier (*Populus monilifera*) sur les collines bordant directement les polders (phot. 33 et 34). A proprement parler ce ne sont pas des buissons, mais les sommets d'arbres qui ont été ensevelis, il y a environ deux siècles, pendant une période de progression des dunes.

***

Puis, nous quittons le Terrain expérimental pour aller dans un bosquet à 2 kilomètres vers l'Ouest. Nous traversons pour cela des dunes fixées avec fourrés de Peupliers (phot. 14); la flore très riche et variée, nous permet de revoir à peu près toutes les plantes que nous avions examinées jusqu'ici. Il y a aussi deux nouveautés : *Orobanche purpurea* (*Phelipaea coerulea*), une plante calcicole, parasite sur le Millefeuille (*Achillea Millefolium*), qui n'avait plus été signalée dans nos dunes depuis longtemps (1), et *Rosa pimpinellifolia*, également calcicole. Celle-ci

(1) Depuis notre herborisation, M. Magnel a revu la plante en deux endroits à Nieuport.

forme sur les versants pas trop inclinés des nappes ayant jusqu'à 40 ou 50 mètres de largeur. A une quinzaine de centimètres de profondeur, de longues racines brunes courent sur le sable. Sur elles naissent, de place en place, des tiges qui se dressent dans l'air à une hauteur de 15 à 20 centimètres et ne portent, la première année, que des feuilles; le deuxième printemps, des ramuscules naissent de leurs bourgeons axillaires; ils portent quelques feuilles, assez petites, et une belle fleur crème, très parfumée, qui s'épanouit en juin et à laquelle succède un fruit noir, globuleux; les années suivantes, la tige ne fleurit plus guère; elle donne sur ses rameaux latéraux quelques maigres feuilles; puis elle se dessèche.

Nous ne voyons plus que de rares fleurs, mais, par contre, nous cueillons de nombreux échantillons de la jolie petite galle globuleuse de ***Rhodites spinosissimae*** et de la déformation orangée produite par ***Phragmidium subcorticium***.

La recherche des galles et du Champignon nous fait remarquer que tous les rameaux, toutes les feuilles, tous les jeunes fruits... ont exactement les mêmes caractères. Quelques pas plus loin, nouvel emplacement circulaire occupé par ***Rosa pimpinellifolia*** : ici encore, les tiges, les feuilles, les ramuscules sont les mêmes dans toute l'étendue de l'habitation, mais ils diffèrent quelque peu de ceux de la nappe précédente. Conclusions : chaque habitation comprend un seul individu, dont les caractères restent scrupuleusement les mêmes dans toute son étendue; mais il y a des fluctuations entre les divers individus.

Un crochet nous amène tout contre les polders. Et voici le bosquet promis. (Phot. 40.) « Bosquet » est un terme peut-être fort ambitieux pour l'étroite bande resserrée entre la dune et la prairie polderienne, où poussent quelques Peupliers (***Populus monilifera*** et *P. alba*). Ailleurs, une pareille plantation d'arbres passerait inaperçue; mais ici, dans le Pays Nu, où les plus hautes plantes ligneuses sont des Argousiers de 2 mètres et des Saules rampants de 2 pieds, la moindre tache d'ombre est douce au promeneur.

A la file indienne, notre compagnie s'insinue dans le bois. Une foule de plantes non encore rencontrées s'offrent à nous : ***Orchis maculata*** en pleine floraison, ***Lithospermum officinale,*** Tremble (***Populus Tremula***) avec ses rejets portant des feuilles presque entières, velues, ne ressemblant pas du tout aux feuilles habituelles, ***Asparagus officinalis*** avec son élégant panache de verdure, haut de 2 mètres et plus, ***Rubus caesius*** courant longuement à travers l'herbe. Tout à fait étrange est l'aspect des *Rosa pimpinellifolia* croissant à l'ombre : au lieu des rameaux rabougris et de durée limitée qui naissent au plein soleil, ce sont ici des buissons hauts de près d'un mètre portés par de grosses tiges qui ont pas mal d'années d'existence. Les ***Carex arenaria*** et ***Ammophila arenaria*** ont aussi les feuilles beaucoup plus longues et plus souples que d'habitude.

Tout ceci se voit à droite, à la base des dunes. Regardons maintenant à gauche, du côté du polder. La flore est tout autre : ***Rubus fruticosus, Rosa tomentosa, R. canina, Eupatorium cannabinum, Bryonia alba, Epilobium hirsutum, Senecio erucaefolia,*** toutes espèces qui évitent la terre par trop inhospitalière de la dune pour se réfugier sur l'argile féconde du polder. C'est bien uniquement la différence dans les qualités du sol qui parque les végétaux, les ascètes à droite, les gros mangeurs à gauche; car la fraîcheur est la même partout, et les arbres répandent leur ombre équitablement des deux côtés.

Il serait difficile d'imaginer un endroit où la nature du terrain se reflète plus vivement dans la composition de la flore, car même un Champignon parasite se montre sensible, à travers l'économie de son hôte, aux qualités du sol : le Peuplier (***Populus monilifera***) est aussi abondant à droite qu'à gauche; mais c'est seulement sur le sable qu'il est attaqué par ***Taphrina aurea*** et que ses feuilles deviennent bulleuses. (Phot. 42.)

Pourtant quelques plantes, parmi les moins particularistes, habitent à la fois le sable et l'argile : ***Pimpinella Saxifraga, Prunus spinosa, P. insititia.*** Ce dernier porte fréquemment de gros balais de sorcières, également abondants des deux côtés. (Phot. 41.)

Il serait intéressant de revenir ici vers minuit : peut-être y verrions-nous les sorcières cueillant le balai sur lequel elles volent vers les ronds de ***Marasmius Oreades.***

*
* *

L'herborisation dans ce coin si curieux touche déjà à sa fin, car il ne faut pas plus de dix minutes pour le visiter entièrement. Une escalade sur une haute colline; puis regardons. Vers le Nord (phot. 19), les dunes fixées et les pannes, où se détachent les petites fermes et leurs champs enclos de brise-vent. Au loin, faisant le plus pénible contraste avec les jolies maisonnettes blanches, posées dans la verdure, qui sont une émanation naturelle du pays et s'harmonisent pleinement avec lui, la station balnéaire — artificielle, celle-là ! — avec ses constructions prétentieuses, villas alignées le long de la digue, étriquées, serrées les unes contre les autres, forcées de croître en hauteur, faute de place. Faute de place, dans ces dunes immenses ! rien n'indique mieux la discordance entre la cité balnéaire et le pays sur lequel elle a été apportée de toutes pièces, mais où elle n'a pas d'attaches réelles.

Du côté du Sud, les polders déroulent leur plaine, complètement mise en culture. (Phot. 22, 23 et 14.) Ce qui frappe le plus le botaniste dans cette étendue plate et unie, c'est que les arbres qui se dressent au bord des fossés et des routes, se dressent en somme très mal sur leur tronc déjeté par les tempêtes. En hiver, les vents de Nord-Ouest tuent les branches de ce côté, et la cime devenue asymétrique courbe le tronc dans le sens opposé. (Phot. 23.) Elles ont un aspect bien étrange, les files de Peupliers (*Populus monilifera*) et d'Ormes (*Ulmus campestris)*, tous inclinés de même, comme des pèlerins penchés sur leurs prières. Les plus longues rangées que nous apercevions d'ici sont celles qui entourent la ferme de l'Abbaye des Dunes. (Phot. 14.)

Mais les arbres dignes de ce nom sont une exception dans le paysage. Bien plus nombreux sont les alignements de têtards, Saules blancs et Peupliers, qu'on recoupe tous les six ou sept ans. (Phot. 22, 23.) A droite et à gauche de chaque fossé. il y a une série de ces boules de verdures posées sur piédestal. Et il y en a, des fossés ! Rien d'étonnant à cela, du reste, dans un terrain aussi plat et aussi imperméable. Toute la région comprise entre les dunes, le canal de Nieuport à Furnes et celui de Furnes à Dunkerque, jusqu'à la frontière française, constitue une seule wateringue, c'est-à-dire que toutes les eaux de drainage se réunissent en un seul fossé principal, qui les évacue dans la mer. Ce collecteur est le Lang Geleed, qui communique par une écluse avec l'Yser, à Nieuport.

Quelques-uns d'entre nous désirent récolter les cinq espèces de Lemnacées qui vivent ensemble dans le Lang Geleed, pendant que les autres, moelleusement étendus sur la dune, prennent un bain de vent et de lumière.

En peu d'enjambées nous sommes au milieu des pâturages; l'herbe est tondue de près, sauf dans les touffes de *Hordeum secalinum* et de *Cynosurus cristatus*, rebutées par le bétail.

A droite et à gauche du large chemin s'ouvrent des fossés bordés de têtards et d'arbres. Que nous sommes loin des pannes avec leur végétation souffreteuse, toujours affamée ! Le sol riche des polders nourrit une flore autrement vigoureuse et variée. Les plantes enracinées au bord du fossé (*Carex vulpina*, *C. pseudo-Cyperus*, *Juncus glaucus*, *Rumex conglomeratus*, *R. Hydrolopathum*, *Lotus uliginosus*, *Mentha aquatica*, *Scrophularia aquatica*) penchent leur feuillage par-dessus l'eau, qui nulle part ne se voit, tant elle est encombrée de plantes : *Glyceria fluitans*, *G. aquatica*, Lemnacées, *Callitriche verna*, *C. stagnalis*, *Hippuris vulgaris*, *Sium erectum*, *Œnanthe aquatica*, *Veronica Anagallis*, *Galium palustre*; lorsque la surface n'est pas trop couverte de *Lemna*, de *Callitriche*, de *Hydrocharis Morsus-Ranae*, on voit que dans la profondeur le liquide est occupé par *Potamogeton densus*, *P. crispus*, *P. pusillus*, *P. pectinatus*, *Zannichellia palustris*, *Elodea canadensis*.

Sur les troncs, les cryptogamistes découpent des échantillons superbes de divers *Orthotrichum*, de *Homalothecium sericeum*, de *Frullania dilatata* et de lichens : *Ramalina fraxinea*, *R. farinacea*, *R. evernioides* (1), *Parmelia Acetabulum*, *Xanthoria parietina*, *Physcia pulverulenta*, *Anaptychia ciliaris*, *Evernia Prunastri*, *Caloplaca vitellinula*, *Catolechia canescens*.

*
* *

Ne nous attardons pas ici, car l'heure avance, et en rentrant à Coxyde-Bains, nous voulons encore monter sur le Hoogenblikker (phot. 35), l'énorme bosse de sable autour de laquelle nous tournons depuis ce matin.

Rejoignons donc les autres. Toute la bande se remet en marche à travers des choses qui nous sont maintenant familières : dunes fixées, pannes sèches, cultures (phot. 19).

(1) Cette intéressante espèce (voir p.118) a été trouvée ici, en 1906, lors d'une herborisation de la Société royale de Botanique, par notre confrère M. le docteur Bouly de Lesdain (de Dunkerque).

C'est en causant, non en herborisant, que nous atteignons les pineraies établies à la base du Hoogenblikker. Le mieux est de monter tout de suite jusqu'au point culminant, pour jouir de l'imposant spectacle qu'on a de là-haut. Cette dune est trop visitée par les touristes pour qu'il soit nécessaire de décrire le paysage qu'on y découvre; d'ailleurs, nous aurons demain une vue, au moins aussi belle et à coup sûr moins connue, du haut du Zwarte Duin.

Redescendons, mais tout à notre aise, afin d'observer la flore. Alors que, pour le touriste, le Hoogenblikker n'est qu'un observatoire de tout premier ordre, le botaniste y trouve un intérêt de plus. Sur ses flancs, parmi de maigres Mousses, entre les Oyats et les Argousiers, vivent des lichens bizarres, des lichens qu'on est habitué à rencontrer sur des troncs d'arbres, mais qui ici reposent sur la surface du sable. Il faut les chercher au milieu des *Cetraria aculeata*, lichens buissonnants, brun-brillant, à ramifications raides et piquantes, qui sont partout des familiers du sable nu; ils se couchent sur le sol sans y pénétrer le moins du monde, et, vrai plancton terrestre, ne tiennent en place que parce que leurs rameaux s'enchevêtrent dans quelque autre objet, tige de Mousse, feuille morte de Graminée, radicelle déchaussée, etc. Dans les creux un peu abrités du vent, on en trouve parfois des accumulations considérables, en forme de réseau ou de tapis très lâches, posés simplement par terre et constitués d'individus qui s'accrochent latéralement les uns dans les autres. Çà et là, parmi les lichens foncés, il en est dont l'aspect est différent : ils sont gris, étalés, souples, et ont tout à fait la forme d'un de ces *Evernia Prunastri* que nous avons recueillis tantôt sur les troncs près de la ferme de l'Abbaye des Dunes. Les lichenologues ont même cru pendant longtemps que c'étaient en réalité des *Evernia Prunastri*, détachés d'une écorce et ayant acquis la faculté de se maintenir en bon état sur le sable. Mais on sait à présent que c'est une espèce particulière, *Letharia arenaria*. Ce n'est donc pas encore cela que nous cherchons ici à plat ventre.

Voici autre chose : un *Usnea*, aisément reconnaissable à ses rameaux arrondis, grisâtre-pâle, insérés à angle droit. Tous les *Usnea* sont arboricoles; ce sont eux qui suspendent de si belles barbes grises aux branches de Chênes dans certaines forêts de l'Ardenne. Celui que nous venons de ramasser est la variété *arenicola* d'*Usnea hirta*. En voilà un autre, que nous reconnaissons à première vue pour avoir pris tantôt le type sur les arbres des polders : c'est *Ramalina farinacea arenicola*.

Deux autres lichens arboricoles vivent ici par terre : *Parmelia physodes arenicola*, que nous verrons demain dans les pannes sèches au pied du Hoogenblikker, et *Usnea articulata intestiniformis* que j'ai trouvé sur cette même dune, depuis l'herborisation de la Société. Cette dernière espèce est signalée sur les dunes de la Hollande, tandis que les formes arénicoles de *Ramalina farinacea*, *Parmelia physodes* et *Usnea hirta* ne sont connues au monde entier que sur le Hoogenblikker.

Maintenant que tout le monde a repris la position verticale, accordons un regard aux plantations de Pins. Trois espèces sont représentées : *Pinus Pinaster* (le Pin maritime), *P. sylvestris* et *P. Laricio*. Le dernier est probablement celui qui aurait le plus d'avenir, ainsi que nous l'avions déjà remarqué cet après-midi au Terrain expérimental; malheureusement le nombre des exemplaires du Hoogenblikker est trop petit pour tirer une conclusion définitive. Le Sylvestre est très malmené par le vent. Le Maritime, au contraire, n'est nullement déformé; mais sur le versant nord du Hoogenblikker il est fort chétif (phot. 38) et ne donne qu'une piètre idée de sa valeur comme arbre de rapport sur le littoral belge.

Pour retourner à l'hôtel, nous passons entre des taillis (phot. 37) d'Aune ordinaire (*Alnus glutinosa*) et d'Aune blanc (*A. incana*). Beaucoup de rameaux de la première espèce ont leurs feuilles déformées par *Taphrina Tosquinetii*. Le même Champignon commence à attaquer les chatons femelles, où il provoque l'hypertrophie des bractées.

*
* *

## TROISIÈME JOURNÉE.

### A. — *Les dunes entre Coxyde et La Panne.*

D'après le programme, la matinée est consacrée à une herborisation dans les pannes et les dunes, puis sur la plage, entre Coxyde-Bains et La Panne-Bains.

Les pannes, où nous circulons en premier lieu, ont le même flore que celles de hier, mais encore plus riche; en effet, plusieurs espèces sont localisées d'une façon presque exclusive dans la grande plaine buissonneuse comprise entre le Hoogenblikker et la petite chapelle de Saint-Idesbald. On y a signalé notamment *Chlora perfoliata*, *Ophioglossum vulgatum*, *Liparis Loeselii*, *Hypnum lycopodioides*. Les deux dernières espèces échappent à toutes nos recherches; elles sont d'ailleurs fort rares, surtout l'Orchidacée, que je n'ai pas non plus réussi à retrouver depuis lors.

Dans une panne sèche nous voyons *Cochlearia danica*, *Trifolium scabrum*, *Parmelia physodes arenicola*, et une forte habitation d'un *Festuca* de la section *Nardurus*, le *F. unilateralis*. Il n'était connu en Belgique que sur les rochers calcaires, mais il habite les sables dans l'Ouest de la France, en Suisse et dans la région Méditerranéenne.

L'abreuvoir, près de la chapelle, nous retient longtemps. On y récolte *Zannichellia palustris*, *Potamogeton densus*, avec des feuilles n'ayant pas plus que 3 ou 4 millimètres de longueur, *Triglochin palustre* (un seul exemplaire), *Scirpus compressus*, *Heleocharis palustris*, *Carex hirta*, *C. trinervis*, *Chenopodium* (*Blitum*) *rubrum*, *Veronica scutellata*, *V. Anagallis*. Puis, en grande abondance, un étrange *Apium* (*Helosciadium*) qui m'a longtemps déconcerté. Il possède des feuilles de deux sortes : les inférieures subdivisées en longues lanières capillaires; les supérieures pennatifides; des transitions relient les deux formes. Or, aucun livre, pas même le travail d'ensemble de M. Glück sur les plantes aquatiques (1), ne décrit une différenciation foliaire chez *A. repens*, tandis qu'elle est bien connue chez *A. inundatum*. Aussi n'avais-je pas hésité à rapporter la plante à cette dernière espèce, quoique celle-ci n'eût jamais été indiquée dans les pannes, où *A. repens* est assez répandu. C'est notre collègue M. Magnel qui me montra, par les caractères de l'inflorescence, que c'est pourtant bien *A. repens*.

***

Nous passons ensuite par une chaîne de hauts monticules dressée en travers de la plaine, perpendiculairement au rivage, où toutes les diverses associations de la dune mobile, de la dune fixée et de la panne sèche

(1) GLÜCK, *Biologische und morphologische Untersuchungen über Wasser- und Sumpfgewächse*, Bd III, Iena, 1911.

peuvent s'étudier côte à côte. De grands espaces sont dénudés par les tempêtes, des versants, jadis herbeux, disparaissent sous une épaisse couche de sable neuf, des crêtes sont déchiquetées, des creux se comblent. Entre les dunes mobiles, domaine incontesté de l'Oyat, sont toutes les transitions imaginables vers les collines entièrement consolidées par la végétation, vers les pannes sèches qui s'exhaussent lentement sous le sable emporté des hautes dunes nues, et vers les buttes hémisphériques couronnées par les Saules nains.

Arrêtons-nous donc et examinons de quelle manière les plantes, sur un sol souverainement instable, sans cesse en mouvement, réussissent néanmoins à garder leurs feuilles à la lumière et leurs racines dans la terre. Sur un terrain perpétuellement mobile, le végétal, être immobile par essence, est obligé de monter et de descendre sans repos pour maintenir sa position : voilà le paradoxe dans toute sa simplicité... mais il n'en est pas moins troublant pour cela. Si nous voulons savoir quelles solutions les végétaux ont données à ce problème, d'importance primordiale, mais en apparence insurmontable, nous n'avons qu'à regarder.

Les procédés par lesquels les plantes des dunes luttent contre l'enfouissement et le déracinement sont trop connus pour qu'il soit nécessaire de les décrire longuement ici; contentons-nous de commenter la figure 53 et les photographies 24 à 30.

A tout seigneur, tout honneur. Commençons par l'Oyat. A chaque nouvelle arrivée de sable, les rhizomes s'allongent vers le haut (fig. 53 *Ammophila arenaria*, et phot. 24) jusqu'à ce que leur sommet soit revenu à la lumière. Si, plus tard, les couches superficielles sont emportées, tout ce qui est en l'air se dessèche, mais les rhizomes poussent des rameaux et des feuilles au niveau actuel du sable. Pourtant si la dune est creusée plus bas que le point où l'individu d'Oyat a germé, il doit succomber.

Beaucoup d'espèces vivaces de la dune ont aussi la faculté de monter indéfiniment en allongeant les extrémités de leurs tiges souterraines et de redescendre ensuite jusqu'au niveau primitif, mais non plus bas. Ce sont d'abord les Graminées vivaces sans stolons, par exemple *Corynephorus canescens* et *Koeleria cristata arenaria* (phot. 29), puis des espèces appartenant aux familles les plus diverses : *Hypochoeris radicata*, *Leontodon* (*Thrincia*) *hirtus*, *Galium Mollugo*, *Thalictrum minus dunense* (phot. 29), *Viola tricolor sabulosa*, etc.

Le Saule rampant (fig.53, *Salix repens*) monte à peu près de la même façon. La seule différence importante est celle-ci. L'Oyat, même enfoui jusqu'au-dessus de l'extrême pointe de ses feuilles, va allonger ses tiges souterraines jusqu'à la rencontre de la lumière, ce qui le fera sortir de son linceul de sable. Le Saule n'a pas le pouvoir de s'exhumer lui-même. De tous les rameaux qui sont recouverts, il ne garde vivants que ceux dont le bout dépasse ; il ne doit donc pas allonger ses tiges, puisque le sommet, encore à la lumière, va pouvoir donner tout un éventail de branches. Lorsque, plus tard, les tempêtes enlèvent le sable, de nouveaux rameaux naissent sur ceux qui avaient été ensablés; il en naît aussi sur les racines qui se mettent à drageonner avec abondance. Virtuellement, le Saule peut donc monter et descendre indéfiniment. Mais en pratique ces facultés sont limitées par le fait que l'apport ou l'enlèvement du sable sont parfois trop rapides pour que la plante puisse les suivre.

La plupart des Mousses et des lichens de la dune usent exactement des mêmes procédés que le Saule pour se hisser à la surface du sable : chaque bout de la tige ou du thalle qui reçoit encore la lumière devient le point de départ d'un système de ramifications. Seulement les parties enterrées périssent assez vite et la plante n'a guère le pouvoir de redescendre après avoir monté. Il est juste de dire tout de suite que les dunes qui portent un revêtement de Mousses ou de lichens sont tellement bien fixées que leur surface ne risque pas d'être entamée. Le phénomène de l'ascension se voit bien dans la photographie 30, pour *Barbula ruralis*, *Camptothecium lutescens*, *Thuidium abietinum* et *Cladonia furcata*.

Il y a pas mal de plantes dont le procédé d'ascension diffère de celui de l'Oyat en ce que les nouveaux bourgeons portés par la tige qui s'est accrue sont, non pas à son sommet, mais à quelque distance sous terre. Il en est ainsi, notamment, pour *Hieracium umbellatum* (phot. 29), *Eryngium maritimum* et *Solanum Dulcamara*. La chose se complique un peu lorsque la plante possède des tiges différenciées : les unes sont des rhizomes longuement rampants sous terre, dont le bout seul se redresse vers la lumière pour y produire des feuilles vertes ; les autres naissent sur les rhizomes et montent directement vers l'air. Lorsque du sable s'accumule sur la plante, les tiges des deux sortes s'allongent vers le haut ; puis les rhizomes produisent à la bonne profondeur, généralement de 5 à 8 centimètres sous terre, des bourgeons qui deviennent des rhizomes. Si la surface de la dune baisse, le sommet des rhizomes s'incurve vers le bas. A cette catégorie appartiennent *Agropyrum junceum*, *Festuca rubra arenaria*, *Carex trinervis*; aussi *Climacium dendroides*. (Phot. 30, *C. d.*)

*Carex arenaria* (fig. 53, *Carex arenaria*) a modifié le procédé. Alors que les rhizomes des plantes précédentes se terminent toujours par une portion aérienne et ont donc une structure sympodiale, ceux de *Carex arenaria* sont des monopodes. Leur sommet est absolument incapable de produire des feuilles. Il n'exécute jamais non plus le moindre mouvement vers le haut, lorsque du sable est apporté sur la plante: c'est un rameau vertical en voie de croissance qui s'allonge davantage, jusqu'à la lumière et qui développe ensuite en un rhizome celui de ses bourgeons latéraux qui est situé à la profondeur requise. En cas d'enlèvement du sable, le rhizome courbe sa pointe vers le bas, pour se remettre au niveau voulu.

A côté de ces plantes qui peuvent monter et descendre, il en est qui ne peuvent que descendre. L'Argousier, par exemple (fig. 53, *Hippophaës rhamnoides*), meurt inévitablement quand il est enterré : sa croissance est beaucoup trop lente pour lui permettre de tenir tête à la submersion par le sable. Mais comme ses racines drageonnent activement, il réussit sans grande peine à se maintenir vivant malgré un abaissement de la surface.

Puisque nous possédons en ce moment toute une collection d'organes souterrains que nous venons de déterrer, examinons-les de plus près.

On comprend aisément que des tiges obligées de pousser à travers le sable risquent fort d'écraser leur point végétatif contre les grains coupants et les fragments de coquillage à arêtes vives. Comment éviter la destruction des tissus tendres et délicats qui occupent le sommet de l'organe ? Sur le point végétatif il y a, le plus souvent, des écailles lisses à surface externe arrondie, qui repoussent les grains. Cette structure se voit très bien chez *Hippophaës* et chez *Ononis*. Mais les procédés les plus perfectionnés appartiennent aux Graminées et aux Cypéracées. Elles ont sur leurs rhizomes de fortes écailles, à pointe effilée et dure, roulées solidement les unes sur les autres au-devant du point végétatif. On se rend très bien compte de ce dispositif par une coupe longitudinale dans le sommet d'une tige souterraine rampante de *Carex arenaria* (voir fig. 52) : chaque rhizome est pourvu d'un outil en forme de perçoir ; il s'en sert pour forer dans le sable un trou qui a exactement la largeur voulue et dans lequel il n'a plus qu'à s'engager.

*
* *

Allons maintenant en ligne droite vers la plage. Nous rencontrons d'abord la large route qu'on s'occupe de créer à travers les dunes pour réunir Coxyde-Bains à La Panne-Bains. Passons rapidement : tout y est nivelé, transformé, falsifié. Plus près de l'estran il y a encore des dunes à peu près intactes. Mais cet état est provisoire, car la digue en maçonnerie, qui va déjà de Coxyde-Bains à la plage de Saint-Idesbald sera bientôt prolongée jusqu'à La Panne.

Nous voici descendus sur la plage. Elle a un tout autre aspect qu'entre Ostende et la frontière néerlandaise : elle est beaucoup plus large ; elle n'est pas défendue par des brise-lames ; la base des hautes dunes qui la bordent, au lieu d'être entamée par les flots, est au contraire précédée d'un chapelet de dunes embryonnaires. Cette triple différence tient à une cause unique. A Coxyde, les courants apportent sans cesse du sable qui exhausse la plage et va s'accumuler au pied du bourrelet de dunes plus anciennes. A Knocke, au contraire, les courants rongent la plage et lui enlèvent du sable ; elle se rétrécit, par conséquent, et les dunes sont elles-mêmes attaquées.

La charnière de ce double mouvement se trouve entre Lombartzyde et Middelkerke. C'est là aussi que se joignent les aires d'habitat de plusieurs espèces du littoral. A l'Ouest de cette limite, on trouve *Thesium humifusum*, *Euphorbia Paralias*, *Carex trinervis*, *Rosa pimpinellifolia* et d'autres, qui sont fort rares à l'Est. Par contre, entre Middelkerke et le Zwyn sont communs *Eryngium maritimum*, *Calystegia Soldanella*, *Rosa rubiginosa*, *Hordeum maritimum*, qui manquent à peu près complètement dans la région que nous explorons. Est-ce une simple coïncidence ?

Nous avons déjà examiné hier à Coxyde (phot. 3.) les dunettes qui jalonnent le bord supérieur de la plage. Leur naissance et leur croissance sont notablement favorisées par la présence de plantes. Il faut citer en tout premier lieu *Agropyrum junceum* (phot. 3). Mais d'autres espèces interviennent aussi : *Arenaria* (*Honckeneya*) *peploides*, Caryophyllacée vivace à grosses feuilles charnues, — *Cakile maritima*, Cruciféracée annuelle à feuilles également grasses, — *Salsola Kali*, Chénopodiacée annuelle à feuilles charnues et piquantes, — *Atriplex laciniata* (*A. farinosa*), aussi une Chénopodiacée à feuilles charnues, couvertes d'une efflorescence blanche. Contrairement aux plantes annuelles de la dune fixée, qui sont hivernales, les espèces annuelles d'ici sont estivales : elles seraient incapables de résister aux violentes vagues que les tempêtes de l'hiver lancent sur l'estran.

Toute la troupe s'assied ensuite sur les petites dunes pour regarder des cartes montrant la distribution géographique de quelques plantes et animaux de notre littoral. Il est impossible de résumer ici ces explications.

## B.— *Les dunes entre La Panne et la frontière française.*

Après le dîner à La Panne, on suit d'abord la plage jusqu'à un kilomètre de la frontière, puis on escalade les rangées de dunes disposées en gradin les unes tout contre les autres, depuis les toutes petites, nées d'hier à l'abri d'un *Agropyrum junceum*, jusqu'à celles qui ont une bonne quinzaine de mètres et sont amplement garnies d'*Ammophila*, d'*Euphorbia Paralias*, de *Hippophaës* et de *Solanum Dulcamara*.

A mesure que l'un d'entre nous atteint la crête, on le voit qui s'arrête net, émerveillé, en face du prodigieux spectacle qui se déroule devant lui. L'horizon est barré par une dune immense (phot. 5, 6 et 10), qui se prolonge sur 3 kilomètres parallèlement à la plage : une dune toute blanche où des traînées de coquillages brisés miroitent au soleil, haute de 25 mètres, dont le faîte rectiligne ou à peine dentelé par quelques buttes d'Oyat, se découpe nettement sur le ciel. Nulle part il n'y a, en Belgique, de dune aussi imposante que celle-là. A Nieuport, avant-hier, nous avons admiré en passant, en tram, une colline de même genre (phot. 31), mais à une échelle beaucoup moindre.

Ce qui augmente encore l'impression de grandeur de cette interminable dune blanche, c'est le large fond plat qui la précède (phot. 6) et qui d'ici paraît uni comme un billard, avec seulement de place en place de jeunes touffes vert-pâle d'Oyat. Devant cette plaine s'alignent quelques monticules à végétation serrée, fortement échancrés par les vents et portant des blessures où le sable est à nu. Entre eux et le pied de la colline d'où nous admirons le paysage, une panne si moussue qu'on la dirait recouverte de velours brun-foncé, porte des buissons argentés de Saule nain. En plusieurs endroits, cette panne est trouée de larges fosses plates pleines de coquillages, dont les bords abrupts sont comme taillés à l'emporte-pièce. Une seule chose détonne dans ce paysage fantastique, aux tons heurtés et pourtant harmonieux sous le grand ciel bleu où courent les nuages, et cette chose est artificielle : d'abominables lignes parallèles de rameaux morts et noirs d'Argousier ont été fichées dans la dune du premier plan pour empêcher son abrasion. (Voir aussi phot. 7.)

Descendons d'abord vers les fosses à coquillages ; ce sont des portions de la grande accumulation d'écailles de Mollusques qui est à cheval sur la frontière française et qui affleure partout où le vent a creusé le sable à la profondeur voulue. L'amas ne se compose pour ainsi dire que de valves de *Cardium edule* : c'est donc bien un dépôt artificiel, puisque le vent aurait naturellement amené toutes les espèces et, de préférence celles qui ont une coquille légère, comme *Pholas candidus* et *Mactra stultorum*. La découverte d'ustensiles de tous genres dans ce Kjökkenmödding — c'est le nom que portent ces tas de coquillages — a permis d'assurer que depuis l'âge de la pierre polie jusqu'au VIe siècle de notre ère, on venait ici pour manger des Palourdes *(Cardium edule)*, qu'on déterrait probablement dans les vases saumâtres, actuellement transformées en polders, mais qui étaient alors envahies par la marée.

L'amas est à présent séparé des polders par près de 2 kilomètres de dunes. Les sables s'étendaient jadis moins loin vers les terres, car on ne se représente pas les populations préhistoriques transportant leurs Mollusques à une aussi grande distance de l'endroit de pêche. D'autre part, comme le Kjökkenmödding est déposé sur du sable, on a la preuve que des monticules existaient déjà ici en des temps très reculés. Mais y avait-il alors un bourrelet continu de dunes comme maintenant ? Il est plus logique de supposer qu'il n'existait que des éminences isolées, constituant des îlots lors de la marée haute, car autrement on ne comprendrait pas que les Hommes fussent toujours venus aux mêmes endroits pour consommer les coquillages.

L'examen des coquilles mélangées aux Palourdes va nous fournir un autre renseignement sur l'âge des dunes. Nous trouvons ici soit des valves entières soit des fragments aisément déterminables de toutes les espèces que nous avons vues sur la plage, sauf de *Petricola pholadiformis*. Or, notre confrère M. Lameere, nous racontait tantôt que cette espèce, originaire de la côte atlantique de l'Amérique du Nord, est arrivée chez nous vers 1900; il y a une huitaine d'années elle était déjà aussi commune que *Pholas candidus*, et actuellement elle est en train de supplanter partout l'autochtone. Rien d'étonnant, dira-t-on, à ce qu'en une dizaine d'années, les coquilles de *Petricola*, ramassées sur la plage par le vent, n'aient pas pu être amenées jusqu'ici par-dessus la haute crête de dunes. Mais il en est partout de même : je n'ai jamais rencontré de valves de *Petricola* dans les dunes à plus de 50 mètres de la laisse des marées de tempêtes, même lorsque de grands creux entre les dunes débouchent directement sur la plage. Le sable chemine-t-il plus vite que les coquillages ? C'est possible. Pourtant l'observation que nous venons de faire indique que le déplacement des dunes n'est pas aussi rapide qu'on se l'imagine d'habitude.

Pour l'anthropologiste, pour le géographe, pour le zoologiste, il y a donc des choses intéressantes à voir sur cet amas préhistorique de coquilles, mais pour le botaniste? Eh bien, lui aussi trouve de quoi s'occuper. Les écailles portent des lichens variés; une espèce est particulièrement intéressante : *Verrucaria muralis*, qui s'installe ici tout comme sur les rochers calcaires et sur les mortiers des vieux murs et qui creuse des trous dans les coquilles. Il n'est pas rare de rencontrer des valves qui sont délicatement sculptées, on pourrait dire disséquées, par le lichen.

*
* *

La forme simple et régulière du grand rempart tout blanc, au pied duquel nous sommes arrivés, contraste étrangement avec les structures tourmentées et imprévues des monticules que nous avons vu jusqu'ici.

La dune qui étale devant nous sa nudité, se déplace en masse sous l'action du vent soufflant de la mer. Le mouvement du sable est si continu et si uniforme que c'est comme si la dune était repoussée tout d'une pièce par le vent, en glissant tout bonnement sur une plate-forme.

Pourquoi les tempêtes n'entament pas la plate-forme, elle aussi formée de sable, il nous suffira, pour le savoir, de gratter un peu le sol : la nappe aquifère affleure à la base de la dune; or, autant le sable sec et poudreux est aisément soulevé par le vent, autant le sable humide est cimenté par la capillarité.

Nous aurons encore souvent aujourd'hui l'occasion de voir comment la végétation reprend possession de la plate-forme abandonnée par une dune en mouvement. Ici, dans l'énorme fosse à fond plat creusée devant la grande dune blanche, tous ces phénomènes se présentent avec une netteté schématique. (Voir fig. 48.) Revenons-donc lentement sur nos pas, de façon à passer sur des portions de plus en plus anciennes.

Tout d'abord, au pied même du talus, le sable est mis à nu depuis trop peu de temps pour qu'une flore ait eu le temps de s'y établir. A peine y a-t-il, deçi delà, une plantule de *Salix repens* qui va périr inévitablement en hiver lorsque le niveau de l'eau montera et que le fond sera inondé. (Phot. 6.)

Quand on s'éloigne du pied de la dune, la végétation devient moins clairsemée. Trois espèces ont élu domicile dans ces endroits inondés en hiver : *Carex arenaria*, *Juncus lamprocarpus* et *Agrostis alba maritima*. Que les deux dernières prospèrent dans un sable imprégné d'eau, rien d'étonnant; mais *Carex arenaria*, que nous avons récolté sur les dunes les plus élevées et les plus sèches! Voilà donc une plante qui est apte à coloniser tous les endroits sableux quel que soit leur degré d'humidité, depuis ceux qui sont immergés pendant une bonne partie de l'année jusqu'à ceux où habite une flore essentiellement xérophile.

*Agrostis alba maritima* mérite aussi une mention. Ses feuilles longues, courtes, raides, favorisent le dépôt du sable entraîné par les courants aériens (voir p. 102), et chaque individu forme bientôt une motte arrondie, qui grandit sans cesse en hauteur et en diamètre. (Phot. 7 et 9.) Pendant l'été des stolons rayonnent tout autour de chaque touffe; comme ils ne sont enracinés que très superficiellement, ils se détachent dès qu'en hiver l'eau commence à sourdre du sable, et ils flottent alors à la surface. Au printemps, quand le liquide baisse, ils touchent terre de nouveau, s'enracinent solidement et forment, de place en place, sur toute leur longueur, des jeunes plantes qui bientôt s'isolent par la destruction des stolons eux-mêmes. Dès la seconde année, la plante-mère est donc entourée de chapelets rayonnants dont chaque grain est un de ses rejetons.

Le sable qui se dépose entre les feuilles d'*Agrostis* exhausse lentement le fond. La plante prépare ainsi sa propre déchéance, car le terrain abondamment mouillé où elle régnait en souveraine pourra bientôt recevoir de nouveaux colons, qui lui rendront la vie intenable et finiront par l'évincer. Le premier qui s'installe est d'ordinaire *Carex trinervis* (fig. 48, phot. 6 et 9) : à peine l'inondation par trop prolongée n'est-elle plus à craindre, qu'il envoie sous terre ses longs stolons redressés au bout et étalant leur aigrette de feuilles raides.

Ceci est le point de départ d'un nouvel ensablement. Dès que le fond est suffisamment relevé pour n'être plus atteint par la nappe aquifère, même en hiver, sa végétation devient celle de la panne humide. Ce sont tout d'abord *Salix repens*, *Erythraea linariifolia*, *Samolus Valerandi*, *Sagina nodosa*, et une Mousse : *Bryum capillare*. A la même altitude, mais plus loin de la dune blanche, c'est-à-dire en des points plus anciens, la flore est modifiée par l'immigration de nouvelles espèces : *Pyrola rotundifolia*, *Epipactis palustris*, *Herminium Monorchis*, *Juncus obtusiflorus*, *Hippophaës*, plantes à croissance lente et dont l'établissement exige beaucoup d'années. Sous l'influence de la concurrence entre les espèces, la flore va ainsi se transformant de plus en plus, et telles plantes (*Samolus*, *Erythraea linariifolia*) qui se prélassaient au début sur un sol à peu près vierge, se révèlent plus tard incapables de maintenir une position trop âprement disputée.

Il n'y a pas que la diversité amenée par la succession en un même point d'espèces rivales qui se supplantent à tour de rôle; il en est une autre tenant au terrain. En effet, dans la panne humide subsistent très souvent des creux assez évidés pour être immergés régulièrement en hiver. Ces fonds n'ont pas du tout la végétation pauvre et clairsemée de celui qui s'étend au pied de la dune, malgré l'identité des niveaux. Sans doute, nous y récoltons encore *Agrostis alba*, *Juncus lamprocarpus*, *Carex arenaria* et *C. trinervis*, mais ces espèces sont maintenant perdues au milieu d'une flore remarquablement riche. Citons seulement : *Apium* (*Helosciadium*) *repens*, *Carex flava Oederi*, *Ranunculus Flammula*, *Hypnum polygamum*; beaucoup d'espèces de la panne humide typique peuvent aussi supporter l'immersion hivernale, par exemple, *Epipactis palustris* et même le Saule rampant que nous avons trouvé si douillet sur le sable neuf (p. 142).

Traversons ce fond pour retrouver au delà la panne humide habituelle. Nous sommes maintenant à environ 150 mètres de la dune blanche, mais le niveau du sol ne dépasse pas la nappe aquifère de plus de 50 centimètres. Pourtant déjà se dressent quelques mottes plus sèches, refuges assurés de l'Oyat. Pour peu que ces buttes, en se fusionnant, relèvent le terrain d'une façon uniforme, on voit la flore de la panne humide passer à celle de la panne sèche (fig. 48).

Éloignons-nous davantage. Le sol monte encore, tantôt d'une manière insensible, tantôt par degrés plus brusques; lorsque sa surface est à environ $1^{m}50$ au-dessus de la nappe aquifère, *Climacium dendroides*, la Mousse caractéristique de la panne sèche, s'efface devant les espèces de la dune proprement dite. Et bientôt sur les monticules qui dépassent la panne, il n'y a plus que la végétation typique de la dune fixée.

Ainsi donc, la zone vierge abandonnée par la dune blanche qui se déplace sous la poussée du vent, va devenir un champ de bataille où des espèces étonnamment variées se combattront à outrance. Un même point passera successivement par les cinq stades que voici : 1° sable nu; 2° fond inondé avec une flore clairsemée où domine *Agrostis alba;* 3° panne humide; 4° panne sèche ; 5° dune fixée.

Ces changements sont produits par l'accumulation de sable entre les feuilles des plantes, et on peut vraiment dire que chaque passage d'une étape à l'autre est préparé et facilité par l'activité végétale.

Nous constations il y a un instant que dans le courant d'une même phase il y a remplacement d'une flore par une autre à la suite de la concurrence vitale. Y a-t-il aussi, au contraire, des espèces qui se perpétuent d'une étape à la suivante, ou qui traversent même plusieurs phases successives?

Le tableau de la page suivante montre qu'il y a, en somme, beaucoup d'espèces qui peuvent s'accommoder à des degrés d'humidité fort divers, et qu'il y en a même plusieurs qui se plient à toutes les conditions possibles. Le nombre des plantes de chaque niveau représentées dans le tableau est sensiblement proportionnel au nombre total des espèces.

*
* *

Limites entre les niveaux : DUNE FIXÉE / PANNE SÈCHE : 1 m. 50 plus haut. — PANNE SÈCHE / PANNE HUMIDE : 0 m. 50 plus haut. — PANNE HUMIDE / PANNE HUMIDE INONDÉE : Niveau de l'eau en hiver.

| | DUNE FIXÉE. | PANNE SÈCHE. | PANNE HUMIDE. | PANNE HUMIDE INONDÉE. | SABLE NU INONDÉ. |
|---|---|---|---|---|---|
| Agrostis alba maritima | | × | × | × | × |
| Carex trinervis | | | × | × | × |
| Carex arenaria | × | × | × | × | × |
| Apium repens | | | | × | |
| Epipactis palustris | | | × | × | |
| Erythraea linariifolia | | | × | × | |
| Bryum capillare (Mousse) | | × | × | × | |
| Salix repens | × | × | × | × | |
| Hippophaës rhamnoides | × | × | × | × | |
| Erythraea Centaurium | | × | × | | |
| Epipactis latifolia | × | × | × | | |
| Climacium dendroides (Mousse) | | × | | | |
| Thesium humifusum | | × | | | |
| Barbula ruralis (Mousse) | × | × | | | |
| Ammophila arenaria | × | × | | | |
| Ranunculus bulbosus | × | × | | | |
| Helianthemum Chamaecistus | × | × | | | |
| Ononis repens maritima | × | × | | | |
| Letharia arenaria (lichen) | × | | | | |
| Tulostoma mammosum (Champignon) | × | | | | |
| Festuca rubra arenaria | × | | | | |
| Cerastium semidecandrum | × | | | | |

***

Pour que le fond de la fosse creusée par le vent atteigne le niveau aquifère, il faut naturellement qu'elle soit très large. Si son étendue est moindre, elle ne touchera que le sable moins humide où prospère *Carex trinervis* (phot. 5); encore moins profonde, son fond sera sec et se garnira d'Oyats (phot. 4). Quant aux cuvettes larges de peu de mètres, qui échancrent les versants des dunes fixées, elles sont encore moins humides et la végétation qui les colonise est composée d'autres espèces. Nous les examinerons tantôt.

Quelquefois, pendant une année exceptionnellement sèche, le fond s'est creusé plus bas que le niveau habituel de la nappe aquifère en été. Il se forme alors une mare qui contiendra de l'eau en hiver, et même pendant les étés pluvieux (fig. 48; phot. 8, 9).

*
* *

Retournons jusqu'à la grande dune blanche. Nous remarquons tout d'abord un niveau où le sable est fortement teinté de brun, exactement au bas de la pente : c'est la couche mélangée d'humus correspondant au sol de la panne qui a été jadis recouverte par le monticule. (Phot. 9.)

Puis nous gravissons le versant dirigé vers le vent de la mer; le sable, tout à fait ferme, résonne sous la semelle; ça et là on y voit encore des racines plus ou moins décomposées d'Oyats et de Saules. En quelques minutes nous arrivons sur le faîte, large et bombé, avec quelques Oyats bien vivants. (Phot. 10). Dès que nous commençons à descendre sur la face située sous le vent, la marche devient beaucoup plus pénible : au lieu du sol résistant que nous foulions en montant, nous sommes à présent sur du sable meuble, non encore tassé, que le vent vient de faire passer par-dessus le faîte et dans lequel nous enfonçons jusqu'à la cheville.

Le profil de cette dune n'est pas du tout celui que les observations faites dans les grands déserts ont rendu classique. Au Sahara et en Asie centrale, chaque dune a une face en pente douce dirigée vers le vent, et une autre, plus abrupte, sous le vent. La déclivité de la première est assez faible pour que le vent puisse la faire gravir au sable; puis celui-ci retombe derrière la crête, où la pente est donc celle qui correspond à l'éboulement de la masse sableuse. Les dunes de notre littoral ont également un profil dissymétrique, mais leur inclinaison la plus forte est du côté du vent. (Fig. 48.) Cette différence tient à ce que les déserts sableux sont extrêmement arides et, pour ainsi dire, privés de végétation, tandis que nos dunes reçoivent 800 millimètres de pluie par an (fig. 49) et ont une flore relativement abondante. Alors que dans les déserts africains et asiatiques le sable reste éternellement sec et pulvérulent, et, par conséquent, toujours mobile et prêt à être entraîné par-dessus la crête de la dune et à couler sur la pente d'arrière, chez nous il est rendu cohérent tant par les racines que par l'humidité qui colle ensemble les grains. Le vent qui heurte une de nos dunes n'a donc prise que sur la partie tout à fait superficielle, d'où les grains pourront être enlevés à mesure qu'ils se dessèchent; quant au sable plus profond, fixé par l'humidité, il résiste comme un bloc. Rien d'étonnant par conséquent à ce que le versant opposé au vent reste assez abrupt. (Phot. 5, 27.)

Et maintenant un coup d'œil à l'autre face, qui descend petit à petit vers la panne par une inclinaison très douce. (Phot. 11.) Des pentes raides, sous le vent, sont exceptionnelles chez nous et limitées aux rares points où l'envers d'un monticule est tout à fait privé de végétation, car c'est seulement alors que le sable peut glisser et retomber librement. Mais lorsque des touffes de verdure, même isolées et séparées les unes des autres, arrêtent le sable et l'empêchent de couler vers le bas, la pente devient très faible. Nous en avons un bon exemple sous les yeux.

Tout aussitôt une question se pose : d'où vient donc la végétation qui retient la chute du sable? Le cheminement de la dune est trop rapide pour que des plantes naissent sur le talus situé sous le vent, car elles y seraient immédiatement enfouies. Aussi ne naissent-elles pas en cet endroit, elles y persistent. Expliquons cela.

Les deux plantes qui forment le fond de la végétation, *Ammophila* et *Salix repens*, n'ont pas germé ici, mais beaucoup plus bas. Elles datent de l'époque où il y avait en ce même endroit, dans la panne dont nous avons retrouvé tantôt le sol imprégné d'humus, un tapis de *Salix* parsemé de touffes d'Oyat. Dès que le sable emporté de la dune commence à inonder la panne, la plupart des espèces succombent sous l'averse, même parmi celles qui ont la faculté de s'élever avec la dune, car l'invasion est trop rapide pour qu'elles puissent lui tenir tête. Tout d'abord disparaissent les Mousses et les lichens, puis les petites herbes telles que *Corynephorus canescens*, *Epipactis latifolia*, *Ononis repens maritima*, *Ranunculus bulbosus;* plus tard, des espèces qui avaient réussi à se maintenir au début doivent également s'avouer vaincues, par exemple *Carex arenaria* et *Festuca rubra arenaria*. Deux plantes, pas davantage, réussissent à garder leurs positions : l'Oyat et le Saule; encore le Saule abandonne-t-il la lutte avant que la dune n'ait atteint toute sa hauteur. L'Oyat seul résiste victorieusement jusqu'au moment où le faîte arrive en ce point. (Phot. 10.) Après cela lui aussi est condamné : n'avons-nous pas remarqué en effet, que la pente tournée vers le vent est privée de toute verdure? C'est d'ailleurs une remarque générale que les plantes surmontent moins bien le déchaussement que l'ensablement : on dirait que les organes qui sont restés enfouis sous terre pendant plusieurs années sont devenus inaptes à vivre de nouveau à la lumière et à la sécheresse.

Ainsi, les individus d'Oyat et de Saule qui garnissent la dune viennent d'un niveau bien inférieur. Ceux que nous observons tout en haut ont commencé leur existence longtemps auparavant, lorsqu'une panne s'étendait en ce point, et ils se sont simplement élevés avec la colline. (Fig. 48; phot. 21.) Du reste on ne trouve jamais de germinations de Saule sur les dunes, mais uniquement dans les pannes; pour l'Oyat, dont les plantules se confondent aisément avec celles d'autres Graminées, l'observation est moins concluante.

***

A partir d'ici, nous allons traverser la grande panne qui s'étale jusqu'à la base du Zwarte Duin, à la limite des dunes et des polders.

Elle est merveilleusement belle, cette panne (phot. 12), avec ses hauts Argousiers, ses Sureaux (*Sambucus nigra*) (phot. 32), ses larges buissons de Troène (*Ligustrum vulgare*) aplatis contre terre; aujourd'hui comme il y a cinquante ans, on peut affirmer qu'elle est digne d'être reproduite par le pinceau d'un Calame. (Voir pp. 82, 83.)

Dans la plaine se dressent des alignements de dunes fortement échancrées en forme de cuvettes. (Phot. 12.) On peut ici, mieux encore qu'à Oostduinkerke et à Coxyde (p. 113), suivre toutes les étapes du creusement des cuvettes, puis de leur colonisation par les plantes. La figure schématique 54 montre les diverses phases de leur histoire.

Quelque part sur un versant, la surface qui a été mise à nu, par exemple autour d'un terrier de Lapin, est profondément entamée par le vent. Le fond de la cuvette ainsi produite est à peu près parallèle à la pente primitive de la dune et séparée de celle-ci par un talus vertical, haut d'une quarantaine de centimètres. (Fig. 54A; phot. 16, au deuxième plan.)

L'affouillement se poursuit non en profondeur, mais en largeur : la fosse reste à peu près circulaire, mais son centre se déplace avec le vent. (Fig. 54B.)

Puis le profil du bord inférieur se modifie. Peu à peu son abrasion se ralentit; du sable apporté de plus loin s'accumule derrière lui dans la cuvette, jusqu'à ce que le fond soit assez exhaussé pour se raccorder sans ressaut brusque avec la surface de la dune. (Fig.54c; phot.18, à gauche.)

Dorénavant la végétation peut reprendre possession de la fosse, ce qui hâte la fin de l'affouillement, car le dépôt devient plus rapide entre les plantes et le feuillage en brisant le vent, affaiblit, puis arrête l'abrasion des bords latéraux et supérieurs. (Fig. 54D; phot. 17.)

Lorsque, dix ou vingt ans plus tard, la végétation de la cuvette ne se distingue plus de celle des pentes voisines, on reconnaîtra encore l'ancienne cuvette au talus en forme de croissant qui correspond à son bord supérieur. Un examen attentif des dunes fixées fait voir que leur modelé caractéristique est donné par les innombrables crêtes semi-circulaires qui parsèment leur surface, un peu à la façon de ces ornements faits par la pression du pouce qui garnissent les poteries domestiques du moyen âge.

Quelles espèces végétales assument la fonction de coloniser les cuvettes? Dans les grands fonds humides que nous avons traversés tantôt, la végétation doit venir d'assez loin, puisque les espèces de la dune sont en général incapables de vivre dans le sable mouillé; ainsi en est-il de *Carex trinervis*, *Agrostis alba maritima*, *Juncus lamprocarpus*, *Bryum capillare*, *Erythraea linariifolia*, etc. Au contraire, sur le sable vierge des cuvettes, des graines de tout genre vont être apportées du voisinage immédiat. La flore de chaque fosse est donc influencée par celle de ses abords. Le tableau suivant montre que les premières plantes qui arrivent dans les fosses du Terrain expérimental de Coxyde et de ses environs sont *Corynophorus canescens*, *Festuca rubra arenaria*, *Cerastium tetrandrum*, *Sedum acre*, *Viola tricolor sabulosa*, *Leontodon hirtus*, c'est-à-dire celles qui sont communes et fructifient abondamment chaque année.

| | CUVETTE RÉCENTE. (Phot. 16.) | CUVETTE PLUS AGÉE. (Phot. 18.) | CUVETTE D'UNE DIZAINE D'ANNÉES. (Phot. 17.) |
|---|---|---|---|
| Phleum arenarium. . . . . . . . . | | × | |
| Ammophila arenaria . . . . . . . . | | — | — |
| Corynephorus canescens . . . . . . | — | × | × |
| Koeleria cristata arenaria . . . . . | — | | |
| Festuca rubra arenaria . . . . . . | — | × | × |
| Carex arenaria . . . . . . . . . | | — | — |
| Silene conica. . . . . . . . . . | | | × |
| Cerastium tetrandrum . . . . . . . | — | × | × |
| Sedum acre . . . . . . . . . . | — | × | × |
| Ononis repens maritima . . . . . . | | — | — |
| Anthyllis Vulneraria maritima . . . . | | | × |
| Erodium cicutarium . . . . . . . . | | × | |
| Viola tricolor sabulosa. . . . . . . | — | × | × |
| Galium verum littorale . . . . . . | | — | |
| Jasione montana. . . . . . . . . . | | — | × |
| Hypochoeris radicata . . . . . . . | | | × |
| Leontodon hirtus . . . . . . . . . | — | × | × |
| Barbula ruralis . . . . . . . . . . | | — | |

— indique que la plante n'a pas encore fleuri.
× indique que la plante a déjà fleuri.

*
* *

Notre dernière étape. Toute la troupe est réunie sur le Zwarte Duin. Il a fallu la gravir par la face abrupte, battue par les tempêtes, mais on est amplement récompensé de sa peine.

Ce qui fait le charme et l'intérêt de cette dune, c'est d'abord sa hauteur (plus de 33 mètres) et ensuite qu'elle est posée exactement au bord du bourrelet de sable. A nos pieds la grande plaine polderienne (phot. 20) étale toutes les nuances du vert dans ses champs si variés, ses pâturages, ses longues rangées d'arbres têtards. A l'horizon du Sud-Est se dresse la chaîne de collines qui va du Mont Cassel, par le Mont Kemmel, jusqu'à Dixmude. Vers le Nord-Est, rien n'arrête le regard et la platitude s'étend à l'infini.

On doit se reporter à quelques siècles en arrière pour bien saisir tout l'intérêt de ce pays étrange, dont aucun point ne dépasse l'altitude de cinq mètres, ni ne descend au-dessous d'un mètre. (Phot. 21). Il y a quinze cents ans, quelques îlots de sable jalonnaient, du côté de la mer, une plaine qui s'enfonçait lentement sous les flots et sur laquelle les marées apportaient des sédiments argileux. En même temps que le terrain se colmatait, des bancs de sable se formaient entre les îlots; aussi il y a un millier d'années les alluvions purent-ils être endigués et soumis à l'exploitation agricole.

Nos polders, avec ceux de la Flandre française, de la Zélande et de la Hollande, font partie de la grande plaine submergée qui borde la côte orientale de la mer du Nord, depuis les collines de l'Artois jusqu'au Jutland. Toute l'extrémité méridionale, de la France au Zuiderzee, possède un ourlet continu de dunes derrière lequel le terrain est mis en culture. Au delà du Zuiderzee le colmatage n'est pas assez avancé et la bordure est restée fragmentaire : îles de la Frise occidentale, de la Frise orientale, de la Frise septentrionale; toutefois le fond vaseux compris entre le chapelet d'îlots et la terre ferme émerge déjà à marée basse.

Plus près de nous les deux petits hameaux du Duinhoekje et du Westduinhoek font admirer leurs jolies maisons blanches (phot. 36) sous les arbres déjetés par les tempêtes (phot. 39).

Retournons-nous vers les dunes. Rien n'est plus beau, plus émouvant que les pannes où les tons argentés des Argousiers tranchent sur le vert plus vif des herbes; les dunes fixées, avec leur fine toison de feuillage tout émaillé de fleurs ; la haute et longue dune blanche qui dans sa marche lente et continue ensevelit les creux verdoyants; les gros amas d'écailles abandonnées par nos ancêtres demi-sauvages; la mer qui moutonne jusqu'à l'horizon; et, par-dessus le tout, le grand ciel de Flandre qui nous verse sa lumière douce.

Espérons que cet endroit privilégié ne va pas être livré aux spéculateurs, comme l'ont été récemment les dunes de Coxyde et d'Oostduinkerke, qui étaient peut-être encore plus belles que celles-ci. N'est-ce pas que la Belgique a le devoir de réserver pour toujours les deux kilomètres compris entre le futur port de La Panne et la frontière française, afin que les peintres, les poètes, les historiens et les naturalistes de l'avenir aient au moins, sur nos soixante-cinq kilomètres de littoral, un coin qui leur rappelle ce qu'étaient nos admirables dunes ?

| | DUNES LITTORALES. | | | | | | | | | | ALLUVIONS MARINES. | | | POLDERS ARGILEUX. | | | POLDERS SABLONNEUX. | | | | Observations. |
|---|---|---|---|---|---|---|---|---|---|---|---|---|---|---|---|---|---|---|---|---|---|
| | Plage. | Dunes mobiles. | Pannes sèches. | Pannes humides. | Mares perman. | Mares perman. avec bestiaux. | Mares d'hiver. | Dunes fixées. | Bosquets. | Cultures. | Slikke. | Schorre. | Limite supérieure. | Digues et chemins. | Fossés et canaux Bords. | Fossés et canaux Eau. | Dunes. | Pâturages secs. | Pâturages humides. | Cultures. | |
| **PTÉRIDOPHYTES.** | | | | | | | | | | | | | | | | | | | | | |
| FILICÉES. | | | | | | | | | | | | | | | | | | | | | |
| Aspidium spinulosum *Sw.* | | | | | | | | | | | | | | | | | | | RR (1) | | (1) Bords des fossés plantés d'Aunes. |
| Polypodium vulgare *Sw.* | | | | | | | | R | | | | | | | | | | | | | |
| Ophioglosum vulgatum *L.* | | | | AR | | | | | | | | | | | | | RR | | | | |
| ÉQUISÉTÉES. | | | | | | | | | | | | | | | | | | | | | |
| Equisetum arvense *L.* | | | | | | | | | C | C | | | | | AC | | | | C | | |
| E. palustre *L.* | | | | AR | AR | | | | C | C | | | | | AC | | | C | C | | |
| E. Heleocharis *Ehrh.* (E. limosum *L.*) | | | | | | | | | | | | | | | C | C | | | | | |
| E. variegatum *Schleich.* | | | | R | | | | | | | | | | | | | | | | | |
| **PHANÉROGAMES ANGIOSPERMES.** | | | | | | | | | | | | | | | | | | | | | |
| MONOCOTYLÉDONÉES. | | | | | | | | | | | | | | | | | | | | | |
| PANDANALES. | | | | | | | | | | | | | | | | | | | | | |
| *Sparganiacées.* | | | | | | | | | | | | | | | | | | | | | |
| Sparganium ramosum *Huds.* | | | | | | | | | | | | | | | | C | | | | | |
| HÉLOBIALES. | | | | | | | | | | | | | | | | | | | | | |
| *Potamogétonacées.* | | | | | | | | | | | | | | | | | | | | | |
| Potamogeton natans *L.* | | | | | | | | | | | | | | | | AR | | | | | |
| P. alpinus *Balb.* | | | | | AC | | | | | | | | | | | | | | | | |
| P. perfoliatus *L.* | | | | | | | | | | | | | | | | AC | | | | | |
| P. lucens *L.* | | | | | | | | | | | | | | | | AC | | | | | |
| P. crispus *L.* | | | | | | R | | | | | | | | | | C | | | | | |
| P. pusillus *L.* | | | | | | | | | | | | | | | | R | | | | | |
| P. pectinatus *L.* | | | | | | | | | | | | | | | | C | | | | | |
| P. densus *L.* | | | | | AC | AC | | | | | | | | | | C | | | | | |
| Ruppia maritima *L.* | | | | | | | | | | | | R | | | | R (2) | | | | | (2) Eaux saumâtres. |
| Zannichellia palustris *L.* | | | | | | R | | | | | | | | | | AC | | | | | |
| *Joncaginacées.* | | | | | | | | | | | | | | | | | | | | | |
| Triglochin palustris *L.* | | | | RR | | | | | | | | | | | AR | AR | | | | | |
| T. maritima *L.* | | | | | | | | | | | | C | | | | | | | | | |

| | DUNES LITTORALES. | | | | | | | | | | ALLUVIONS MARINES. | | | POLDERS ARGILEUX. | | | POLDERS SABLONNEUX. | | | | Observations. |
|---|---|---|---|---|---|---|---|---|---|---|---|---|---|---|---|---|---|---|---|---|---|
| | | | Pannes | | Mares | | | | | | | | | | Fossés et canaux | | | Pâturages | | | |
| | Plage. | Dunes mobiles. | sèches. | humides. | perman. | perman. avec bestiaux. | d'hiver. | Dunes fixées. | Bosquets. | Cultures. | Slikke. | Schorre. | Limite supérieure. | Digues et chemins. | Bords. | Eau. | Dunes. | secs. | humides. | Cultures. | |
| ***Alismacées.*** | | | | | | | | | | | | | | | | | | | | | |
| **Alisma Plantago *L.*** | | | | | | AR | | | | | | | | | | C | | | | | |
| **Echinodorus ranunculoides *Engelm.*** | | | | | R | | | | | | | | | | | | | | | | |
| **Sagittaria sagittifolia *L.*** | | | | | | | | | | | | | | | | AC | | | | | |
| ***Butomacées.*** | | | | | | | | | | | | | | | | | | | | | |
| **Butomus umbellatus *L.*** | | | | | | | | | | | | | | | | AC | | | | | |
| ***Hydrocharitacées.*** | | | | | | | | | | | | | | | | | | | | | |
| **Elodea canadensis *Rich.*** | | | | | | | | | | | | | | | | CC | | | | | |
| **Hydrocharis Morsus-Ranae *L.*** | | | | | | | | | | | | | | | | C | | | | | |
| GLUMIFLORALES. | | | | | | | | | | | | | | | | | | | | | |
| ***Graminacées.*** | | | | | | | | | | | | | | | | | | | | | |
| **Panicum Crus-galli *L.*** | | | | | | C | | | | | | | | | | | | | | AC | |
| **P. lineare *Krock*** | | | | | | | | | | | | | | | | | | | | AR | |
| **Setaria viridis *P. Beauv.*** | | | | | | | | | | C | | | | | | | | | | C | |
| **Phalaris arundinacea *L.*** | | | | | | | | | | | | | | | | C | | | | | |
| **Anthoxanthum odoratum *L.*** | | | AC | | | | | | | | | | | AC | | | | C | C | | |
| **Phleum pratense *L.*** | | | R | | | | | | | | | | | C | | | | | | AR | |
| **P. arenarium *L.*** | | | AC | | | | | C | | | | | | | | | C | | | | |
| **Alopecurus pratensis *L.*** | | | | | | | | | | | | | | C | | | | | | | |
| **A. geniculatus *L.*** | | | | | | | | | | | | | | | S(1) | | | | | | (1) Eaux saumâtres. |
| **Agrostis alba *L.*** | | | | C | C | C | C | | | | | | C | C | C | | | | | | |
| **A. vulgaris *With.*** | | | C | AC | | | | | | | | | | C | | | | C | C | | |
| **Calamagrostis Epigeios *Roth.*** | | | C | C | | | | | | | | | | | | | | | | | |
| **Ammophila arenaria *Link.*** | | CC | AC | AR | | | | CC | | | | | | | | | C | | | | |
| **Apera Spica-venti *P. Beauv.*** | | | | | | | | | | C | | | | | | | | | | C | |
| **Holcus lanatus *L.*** | | | | C | | | | | AC | | | | | C | | | | C | | | |
| **Aira caryophyllea *L.*** | | | | | | | | | | | | | | | C | | | C | | | |
| **A. praecox *L.*** | | | | | | | | | | | | | | | | | | R | | | |
| **Corynephorus canescens *P. Beauv.*** | | | | | | | | C | | | | | | | | | C | | | | |
| **Trisetum flavescens *P. Beauv.*** | | | | | | | | | C | | | | | C | | | | | | | |
| **Arrhenatherum elatius *M. et K.*** | | | R | | | | | | AC | | | | | C | C | | | C | C | C | |
| **Phragmites communis *Trin.*** | | | | | | | | | C | C | | | | | C | C | | | | | |
| **Triodia decumbens *P. Beauv.*** | | | AC | AC | | | | | | | | | | | | | | C | C | | |
| **Molinia coerulea *Moench.*** | | | AR | | | | | | | | | | | | | | | | | | |
| **Koeleria cristata *Pers.*** | | | AC | | | | | C | | | | | | | | | C | | | | |

| | DUNES LITTORALES. | | | | | | | | | | ALLUVIONS MARINES. | | | POLDERS ARGILEUX. | | | POLDERS SABLONNEUX. | | | | Observations. |
|---|---|---|---|---|---|---|---|---|---|---|---|---|---|---|---|---|---|---|---|---|---|
| | | | Pannes | | Mares | | | | | | | | | | Fossés et canaux. | | | Pâturages | | | |
| | Plage. | Dunes mobiles. | sèches. | humides. | perman. | perman. avec bestiaux. | d'hiver. | Dunes fixées. | Bosquets. | Cultures. | Slikke. | Schorre. | Limite supérieure. | Digues et chemins. | Bords. | Eau. | Dunes. | secs. | humides. | Cultures. | |
| Briza media *L.* | | | AC | | | | | | | | | | | AC | | | | | | | |
| Dactylis glomerata *L.* | | | | | | | | | C | | | | | C | C | | | C | C | C | |
| Cynosurus cristatus *L.* | | | | | | | | | | | | | | C | C | | | | | | |
| Poa annua *L.* | | | | | | | | | | C | | | | | | | | | | C | |
| P. trivialis *L.* | | | | | | | | | | | | | | C | C | | | | | | |
| P. pratensis *L.* | | | | AC | | | | | | | | | | AC | C | | | AC | AC | AC | |
| Glyceria fluitans *R. Br.* | | | | | | AC | | | | | | | | | | C | | | | | |
| G. aquatica *Wahlenb.* | | | | | | | | | | | | | | | | C | | | | | |
| Atropis distans *Griseb.* | | | | | | | | | | | | R | | | | | | | | | |
| A. maritima *Griseb.* | | | | | | | | | | | | C | C | | | | | | | | |
| Festuca unilateralis *Coss. et Germ.* | | | RR | | | | | | | | | | | | | | | | | | |
| F. ovina *L.* | | | C | AC | | | | C | C | | | | | | | | C | C | | | |
| F. elatior *L.* | | | AC | | | | | | | | | | | AC | AC | | C | C | | | |
| F. arundinacea *Schreb.* | | | R | R | | | | | | | | | | R | | | | | | | |
| F. rubra *L.* | | AC | | | | | | CC | CC | | | | C | | | | C | C | | | |
| Bromus sterilis *L.* | | | | | | | | | | C | | | | C | | | | | | C | |
| B. tectorum *L.* | | | | | | | | R | | | | | | | | | | | | | |
| B. secalinus *L.* | | | | | | | | | | C | | | | | | | | | | | |
| B. mollis *L.* | | | | | | | | | C | | | | | | | | C | C | | | |
| Nardus stricta *L.* | | | | | | | | | | | | | | | | | AC | AC | | | |
| Lolium perenne *L.* | | | AR | | | | | | C | | | | | C | C | | | | | AC | |
| Lepturus filiformis *Trin.* | | | | | | | | | | | | | R | | | | | | | | |
| Agropyrum repens *P. Beauv.* | | | | | | | | | | C | | | | C | C | | | | | C | |
| A. junceum *P. Beauv.* | C | | | | | | | | | | | | | | | | | | | | |
| A. acutum *Roem. et Sch.* | | | | | | | | AC | | | | | C | | | | AC | | | | |
| A. pungens *Roem. et Sch.* | | | | | | | | | | | | | C | | AC (1) | | | | | | (1) Eaux saumâtres. |
| Hordeum secalinum *Schreb.* | | | | | | | | | | | | | | AC | C | | | | | | |
| H. murinum *L.* | | | | | | | | | | | | | | C | | | | | | AC | |
| *Cypéracées.* | | | | | | | | | | | | | | | | | | | | | |
| Scirpus lacustris *L. var.* Tabernaemontani *Crép.* | | | | | | | | | | | | | | | | C | | | | | |
| S. setaceus *L.* | | | | | RR | | | | | | | | | | | | | | | | |
| S. maritimus *L.* | | | | | | | | | | | | | | | | AC | | | | | |
| S. compressus *L.* | | | | R | | | | | | | | | | | | | | | | | |
| Cladium Mariscus *L.* | | | | RR | | | | | | | | | | | | | | | | | |
| Eleocharis palustris *R. Br.* | | | | | C | C | | | | | | | | | | AC | | | | | |
| Schoenus nigricans *L.* | | | | AR | | | | | | | | | | | | | | | | | |
| Carex vulpina *L.* | | | | | | | | | | | | | | | C | | | | | | |

| | DUNES LITTORALES. | | | | | | | | | | ALLUVIONS MARINES. | | | POLDERS ARGILEUX. | | | POLDERS SABLONNEUX. | | | | Observations. |
|---|---|---|---|---|---|---|---|---|---|---|---|---|---|---|---|---|---|---|---|---|---|
| | | | Pannes | | Mares | | | | | | | | | | Fossés et canaux. | | | Pâturages | | | |
| | Plage. | Dunes mobiles. | sèches. | humides. | perman. | permen. avec bestiaux. | d'hiver. | Dunes fixées. | Bosquets. | Cultures. | Slikke. | Schorre. | Limite supérieure. | Digues et chemins. | Bords. | Eau. | Dunes. | secs. | humides. | Cultures. | |
| Carex muricata *L.* | | | | | | | | | | | | | | | C | | | | | | |
| C. leporina *L.* | | | | | | | | | | | | | | | | | | | R | | |
| C. arenaria *L.* | | AC | C | C | AR | AR | C | C | | | | | AR | | | | C | C | AR | | |
| C. acuta *L.* | | | | C | AC | AC | AC | | | | | | | | | | | | | | |
| C. trinervis *Desgl.* | | | | AC | | | R | | | | | | | | | | | | AC | | |
| C. Goodenowii *J. Gay.* | | | | AC | | AC | | | | | | | | | | | | AC | C | | |
| C. flava *L. var.* Oederi *Ehrh* | | | | AC | | AC | | | | | | | | | | | | | | | |
| C. distans *L.* | | | | | | | | | | | | | AC | | | | | | | | |
| C. Pseudo-Cyperus *L.* | | | | | | | | | | | | | | | AR | AR | | | | | |
| C. hirta *L.* | | | | AR | | | | | AR | | | | | | AR | | | | | | |
| C. spadicea *Roth.* | | | | | | | | | | | | | | | | C | | | | | |
| SPATHIFLORALES. *Lemnacées.* | | | | | | | | | | | | | | | | | | | | | |
| Spirodela polyrhiza *Schleid.* | | | | | | | | | | | | | | | | C | | | | | |
| Lemna trisulca *L.* | | | | | | | | | | | | | | | | CC | | | | | |
| L. minor *L.* | | | | | | R | | | | | | | | | | CC | | | | | |
| L. gibba *L.* | | | | | | | | | | | | | | | | AC | | | | | |
| Wolffia arrhiza *Wimm.* | | | | | | | | | | | | | | | | R | | | | | |
| LILIIFLORALES. *Joncacées.* | | | | | | | | | | | | | | | | | | | | | |
| Juncus bufonius *L.* | | | | AC | | | | | | C | | | | | C | | | | | C | |
| J. compressus *Jacq.* | | | | | | | | | | | | | | R | | | | | | R (1) | (1) Bords des chemins. |
| J. Gerardi *Loisel.* | | | | | | | | | | | | | C | | | | | | | | |
| J. effusus *L.* | | | | | | | | | | | | | | | | | | | AC | | |
| J. Leersii *Marsson* (J. conglomeratus *L*) | | | | | | | | | | | | | | | | | | | AC | | |
| J. glaucus *Ehrh.* | | | | | | | | | | | | | | C | C | | | | | | |
| J. maritimus *Lam.* | | | | RR | | | | | | | | | RR | | | | | | | | |
| J. acutiflorus *Ehrh.* | | | | | | | | | | | | | | | | | | | AC | | |
| J. obtusiflorus *Ehrh.* | | | | AC | | | | | | | | | | | R | | | | | | |
| J. lamprocarpus *Ehrh.* | | | | C | C | C | C | | | C | | | | | C | | | | C | C | |
| Luzula campestris *H.* | | | C | | | | | C | | | | | | | | | C | C | | | |
| *Liliacées.* | | | | | | | | | | | | | | | | | | | | | |
| Ornithogalum umbellatum *L.* | | | | | | | | | R | | | | | | | | | | | | |
| Allium vineale | | | | | | | | | AC | | | | | AR | | | | | | | |
| Asparagus officinalis *L.* | | | | | | | | AR | AR | | | | | | | | | | | | |

| | DUNES LITTORALES. | | | | | | | | | | ALLUVIONS MARINES. | | | POLDERS ARGILEUX. | | | POLDERS SABLONNEUX. | | | | Observations. |
|---|---|---|---|---|---|---|---|---|---|---|---|---|---|---|---|---|---|---|---|---|---|
| | | | Pannes | | Mares | | | | | | | | | | Fossés et canaux. | | | Pâturages | | | |
| | Plage. | Dunes mobiles. | sèches. | humides. | perman. | perman. avec bestiaux. | d'hiver. | Dunes fixées. | Bosquets. | Cultures. | Slikke. | Schorre. | Limite supérieure. | Digues et chemins. | Bords. | Eau. | Dunes. | secs. | humides. | Cultures. | |
| *Iridacées.* | | | | | | | | | | | | | | | | | | | | | |
| Iris Pseudo-Acorus *L.* | | | | | | R | | | | | | | | | C | C | | | | | |
| MICROSPERMALES. *Orchidacées.* | | | | | | | | | | | | | | | | | | | | | |
| Orchis Morio *L.* | | | | AR | | | | | | | | | | | | | | | | | |
| O. maculata *L.* | | | | R | | | | | AC | | | | | | | | | | | | |
| O. latifolia *L.* | | | | AR | | | | | | | | | | | AR | | | | | | |
| Anacamptis pyramidalis *Rich.* | | | | RR | | | | | | | | | | | | | | | | | |
| Herminium Monorchis *R. Br.* | | | | AC | | | | | | | | | | | | | | | | | |
| Epipactis palustris *Crantz.* | | | | AC | | | | | | | | | | | | | | | | | |
| E. latifolia *All.* | | | AC | AC | | | | AC | AC | | | | | | | | | | | | |
| Listera ovata *R. Br.* | | | | AR | | | | | | | | | | | | | | | | | |
| Liparis Loeselii *L. C. Rich.* | | | | RR | | | | | | | | | | | | | | | | | |
| DICOTYLÉDONÉES. SALICALES. *Salicacées.* | | | | | | | | | | | | | | | | | | | | | |
| Salix repens *L.* | | AC | CC | CC | | | | C | | | | | | | | | C | C | C | | |
| URTICALES. *Moracées.* | | | | | | | | | | | | | | | | | | | | | |
| Humulus Lupulus *L.* | | | | | | | | | AC | | | | | | | | | | | | |
| *Urticacées.* | | | | | | | | | | | | | | | | | | | | | |
| Urtica dioica *L.* | | | | | | | | | AC | | | | | C | | | | | | | |
| U. urens *L.* | | | | | | | | | | C | | | | | | | | | | | |
| SANTALALES. *Santalacées.* | | | | | | | | | | | | | | | | | | | | | |
| Thesium humifusum *D. C.* | | | AR | | | | | R | | | | | | | | | | | | | |
| POLYGONALES. *Polygonacées.* | | | | | | | | | | | | | | | | | | | | | |
| Rumex crispus *L.* | | | | | | | | | AC | | | | | | AC | | | | | AC | |
| R. Hydrolapathum *Huds.* | | | | | | | | | | | | | | | | C | | | | | |

| | DUNES LITTORALES. | | | | | | | | | | ALLUVIONS MARINES. | | | POLDERS ARGILEUX. | | | POLDERS SABLONNEUX. | | | | Observations. |
|---|---|---|---|---|---|---|---|---|---|---|---|---|---|---|---|---|---|---|---|---|---|
| | | | Pannes | | Mares | | | | | | | | | | Fossés et canaux. | | | Pâturages | | | |
| | Plage. | Dunes mobiles. | sèches. | humides. | perman. | perman. avec bestiaux. | d'hiver. | Dunes fixées. | Bosquets. | Cultures. | Slikke. | Schorre. | Limite supérieure. | Digues et chemins. | Bords. | Eau. | Dunes. | secs. | humides. | Cultures. | |
| Rumex conglomeratus *Murr.* | | | | | | | | | AC | | | | | | C | | | | AC | | |
| R. limosus *Thuill.* | | | | | | | | | | | | | | | R | | | | | | |
| R. Acetosella *L.* | | | R | | | | | | | | | | | | | | | AC | C | C | |
| R. Acetosa *L.* | | | | | | | | | | | | | | | C | | | C | | | |
| Polygonum aviculare *L.* | | | | | | | | | | C | | | | C | | | | | | C | |
| P. Hydropiper *L.* | | | | | | | | | | | | | | | AC | AC | | | | | |
| P. amphibium *L.* | | | | | C | C | | | | | | | | | C | C | | | | | |
| P. Persicaria *L.* | | | | | | AC | | | | C | | | | | | | | | | C | |
| P. lapathifolium *L.* | | | | | | | | | | C | | | | | | | | | | C | |
| P. Convolvulus *L.* | | | | | | | | | AC | C | | | | | | | | | | C | |
| CENTROSPERMALES. *Chénopodiacées.* | | | | | | | | | | | | | | | | | | | | | |
| Beta maritima *L.* | | | | | | | | | | | | | R | R | | | | | | | |
| Chenopodium polyspermum *L.* | | | | | | | | | | C | | | | C | | | | | | C | |
| C. album *L.* | | | | | | | | | | C | | | | | | | | | | C | |
| C. urbicum *L.* | | | | | | | | | | R | | | | | | | | | | | |
| C. rubrum *L.* | | | | | | AC | | | | | | | | AC | AC | | | | | | |
| Atriplex littoralis *L.* | | | | | | | | | | | | | C | | | | | | | | |
| A. hastata *L.* | | | | | | | | | | | | | C | R | | | | | | | |
| A. patula *L.* | | | | | | | | | | | | | C | C | | | | | | | |
| A. laciniata *L.* | RR | | | | | | | | | | | | RR | | | | | | | | |
| A. portulacoides *L.* | | | | | | | | | | | | AR | | | | | | | | | |
| Salicornia herbacea *L.* | | | | | | | | | | | C | C | | | | | | | | | |
| Suaeda maritima *L.* | | | | | | | | | | | AR | C | | | | | | | | | |
| Salsola Kali *L.* | C | | | | | | | | | | | | AC | | | | | | | | |
| *Caryophyllacées.* | | | | | | | | | | | | | | | | | | | | | |
| Silene conica *L.* | | | | | | | | C | | | | | | | | | AR | | | | |
| S. nutans *L.* | | | AC | | | | | C | | | | | | | | | | | | | |
| Lychnis Flos-Cuculi *L.* | | | | | | | | | | | | | | | | | | | AR | | |
| Melandryum album *Garcke* | | | | | | | | | C | C | | | | | | | | C | | C | |
| Saponaria officinalis *L.* | | | | | | | | AC | AC | | | | | | | | | AR | | | |
| Stellaria media *L.* | | | | | | | | | | C | | | | | | | | | | C | |
| Cerastium arvense *L.* | | | | | | | | | | | | | | C | | | | | | | |
| C. caespitosum *Gilib.* | | | C | | | | | | AC | | | | | AC | | | C | C | C | | |
| C. glomeratum *Thuill.* | | | | | | | | C | | | | | | AC | | | | | | | |
| C. pumilum *Curt.* | | | | | | | | AC | | | | | | | | | | | | | |
| C. semidecandrum *L.* | | | | | | | | C | | | | | | | | | | | | | |

| | DUNES LITTORALES. | | | | | | | | | | ALLUVIONS MARINES. | | | POLDERS ARGILEUX. | | | POLDERS SABLONNEUX. | | | | Observations. |
|---|---|---|---|---|---|---|---|---|---|---|---|---|---|---|---|---|---|---|---|---|---|
| | Plage. | Dunes mobiles. | Pannes sèches. | Pannes humides. | Mares perman. | Mares perman. avec bestiaux. | Mares d'hiver. | Dunes fixées. | Bosquets. | Cultures. | Slikke. | Schorre. | Limite supérieure. | Digues et chemins. | Fossés et canaux. Bords. | Fossés et canaux. Eau. | Dunes. | Pâturages secs. | Pâturages humides. | Cultures. | |
| Cerastium tetrandrum *Curt.* | | | | | | | | C | | | | | | | | | | | | | |
| Sagina nodosa *Fenzl.* | | | C | C | | | | | | | | | R | | | | | | | | |
| S. maritima *D. Don.* | | | | | | | | | | | | | AR | | | | | | | | |
| S. procumbens *L.* | | | | AR | | | | | | | | | | | | | | | C | C | |
| Arenaria serpyllifolia *L.* | | | C | | | | | C | | AC | | | | | | | C | C | | AC | |
| A. peploides *Crantz.* | AR | | | | | | | | | | | | | | | | | | | | |
| Spergula arvensis *L.* | | | | | | | | | | | | | | | | | | | | AC | |
| Spergularia salina *Presl.* | | | | | | | | | | | | R | | | | | | | | | |
| S. media *Presl.* | | | | | | | | | | | | C | | | | | | | | | |
| Scleranthus annuus *L.* | | | | | | | | | | | | | | | | | | | | C | |
| S. perennis *L.* | | | | | | | | | | | | | | | | | R | R | | | |
| RANALES. *Cératophyllacées.* | | | | | | | | | | | | | | | | | | | | | |
| Ceratophyllum demersum *L.* | | | | | | | | | | | | | | | | C | | | | | |
| *Renonculacées.* | | | | | | | | | | | | | | | | | | | | | |
| Ranunculus foeniculaceus *Gilib.* (R. divaricatus *Schrank.*) | | | | | | | | | | | | | | | | AR | | | | | |
| R. aquatilis *L.* | | | | | | R | | | | | | | | | | R | | | | | |
| R. Baudotii *Godr.* | | | | | | | | | | | | | | | | AC | | | | | |
| R. trichophyllus *Chaix.* | | | | | | AC | | | | | | | | | | C | | | | | |
| R. sceleratus *L.* | | | | | | | | | | | | | | | C | C | | | | | |
| R. Flammula *L.* | | | | C | C | C | | | | | | | | | | | | | AR | | |
| R. acris *L.* | | | | AR | | | | | AC | | | | | C | C | | | | | AR | |
| R. repens *L.* | | | C | AC | | AR | | | AC | | | | | C | C | | | | C | C | |
| R. bulbosus *L.* | | | C | | | | | C | | | | | | | | | CC | CC | | | |
| R. sardous *Crantz.* | | | | R | | | | | | | | | | | | | | | | | |
| Thalictrum flavum *L.* | | | | | | | | | | | | | | | R | | | | | | |
| T. minus *L.* | | | | | | | | R | R | | | | | | | | | | | | |
| RHÉADALES. *Papavéracées.* | | | | | | | | | | | | | | | | | | | | | |
| Chelidonium majus *L.* | | | | | | | | | C | | | | | C | | | | | | | |
| Papaver Rhoeas *L.* | | | | | | | | | | C | | | | | | | | | | R | |
| P. Argemone *L.* | | | | | | | | | | AR | | | | | | | | | | | |
| Fumaria officinalis *L.* | | | | | | | | | | R | | | | | | | | | | AC | |

| | DUNES LITTORALES. | | | | | | | | | | ALLUVIONS MARINES. | | | POLDERS ARGILEUX. | | | POLDERS SABLONNEUX. | | | | Observations. |
|---|---|---|---|---|---|---|---|---|---|---|---|---|---|---|---|---|---|---|---|---|---|
| | | | Pannes | | Mares | | | | | | | | | | Fossés et canaux. | | | Pâturages | | | |
| | Plage. | Dunes mobiles. | sèches. | humides. | perman. | perman. avec bestiaux. | d'hiver. | Dunes fixées. | Bosquets. | Cultures. | Slikke. | Schorre. | Limite supérieure. | Digues et chemins. | Bords. | Eau. | Dunes. | secs. | humides. | Cultures. | |
| *Crucifèracées.* | | | | | | | | | | | | | | | | | | | | | |
| Teesdalia nudicaulis | . . | . . | . . | . . | . . | . . | . . | . . | . . | . . | . . | . . | . . | . . | . . | . . | AC | AC | . . | AC | |
| Lepidium campestre *R. Br.* | . . | . . | . . | . . | . . | . . | . . | . . | . . | . . | . . | . . | . . | AR | | | | | | | |
| L. Draba *L.* | . . | . . | . . | . . | . . | . . | . . | . . | . . | . . | . . | . . | . . | R | | | | | | | |
| Coronopus procumbens *Gilib.* | . . | . . | . . | . . | . . | . . | . . | . . | . . | . . | . . | . . | . . | AR | | | | | | | |
| Cochlearia danica *L.* | . . | . . | RR | . . | . . | . . | . . | . . | . . | . . | . . | . . | . . | AR | | | | | | | |
| Sisymbrium officinale *Scop.* | . . | . . | . . | . . | . . | . . | . . | . . | AC | C | . . | . . | . . | . . | C | . . | . . | . . | . . | AR | |
| S. Sophia *L.* | . . | . . | . . | . . | . . | . . | . . | . . | . . | C | | | | | | | | | | | |
| Cakile maritima *L.* | AC | . . | . . | . . | . . | . . | . . | . . | . . | . . | . . | . . | AR | | | | | | | | |
| Sinapis arvensis *L.* | . . | . . | . . | . . | . . | . . | . . | . . | . . | C | | | | | | | | | | | |
| Diplotaxis tenuifolia *D. C.* | . . | . . | . . | . . | . . | . . | . . | . . | C | . . | . . | . . | . . | C | | | | | | . | |
| Brassica nigra *Koch.* | . . | . . | . . | . . | . . | . . | . . | . . | . . | AC | | | | | | | | | | | |
| Raphanus Raphanistrum *L.* | . . | . . | . . | . . | . . | . . | . . | . . | . . | C | . . | . . | . . | . . | . . | . . | . . | . . | . . | C | |
| Nasturtium officinale *R. Br.* | . . | . . | . . | R | R | . . | . . | . . | . . | . . | . . | . . | . . | . . | C | C | | | | | |
| Roripa palustris *Bess.* | . . | . . | . . | . . | . . | . . | . . | . . | . . | . . | . . | . . | . . | . . | C | C | | | | | |
| Cardamine pratensis *L.* | . . | . . | . . | . . | . . | AR | . . | . . | . . | . . | . . | . . | . . | AC | C | | | | | | |
| Capsella Bursa-Pastoris *L.* | . . | . . | . . | . . | . . | . . | . . | . . | . . | C | . . | . . | . . | AC | . . | . . | . . | . . | . . | C | |
| Draba verna *L.* | . . | . . | CC | . . | . . | . . | . . | CC | . . | . . | . . | . . | . . | . . | . . | . . | CC | | | | |
| Arabis hirsuta *Scop.* | . . | . . | AC | . . | . . | . . | . . | AC | . . | . . | | | | | | | | | | | |
| Erysimum cheiranthoides *L.* | . . | . . | . . | . . | . . | . . | . . | . . | . . | R | | | | | | | | | | | |
| *Résédacées.* | | | | | | | | | | | | | | | | | | | | | |
| Reseda lutea *L.* | . . | . . | . . | . . | . . | . . | . . | . . | . . | R | | | | | | | | | | | |
| ROSALES. *Crassulacées.* | | | | | | | | | | | | | | | | | | | | | |
| Sedum acre *L.* | . . | . . | C | . . | . . | . . | . . | CC | . . | . . | . . | . . | . . | . . | . . | . . | C | C | | | |
| *Saxifragacées.* | | | | | | | | | | | | | | | | | | | | | |
| Saxifraga tridactylites *L.* | . . | . . | C | . . | . . | . . | . . | C | | | | | | | | | | | | | |
| Parnassia palustris *L.* | . . | . . | . . | AC | | | | | | | | | | | | | | | | | |
| *Rosacées.* | | | | | | | | | | | | | | | | | | | | | |
| Rubus fruticosus *L.* | . . | . . | . . | . . | . . | . . | . . | . . | . . | . . | . . | . . | . . | . . | C | . . | . . | . . | C | C | |
| R. caesius *L.* | . . | . . | . . | . . | . . | . . | . . | AC | C | . . | . . | . . | . . | R | . . | . . | AR | AR | | | |
| Potentilla Anserina *L.* | . . | . . | . . | AC | AC | AC | . . | . . | . . | AC | . . | . . | . . | AC | C | . . | . . | AC | C | | |

| | DUNES LITTORALES. | | | | | | | | | | | ALLUVIONS MARINES. | | | POLDERS ARGILEUX. | | | POLDERS SABLONNEUX. | | | | Observations. |
|---|---|---|---|---|---|---|---|---|---|---|---|---|---|---|---|---|---|---|---|---|---|---|
| | | | Pannes | | Mares | | | | | | | | | | | Fossés et canaux. | | | Pâturages | | | |
| | Plage. | Dunes mobiles. | sèches. | humides. | perman. | perman. avec bestiaux. | d'hiver. | | Dunes fixées. | Bosquets | Cultures. | Slikke. | Schorre. | Limite supérieure. | Digues et chemins. | Bords. | Eau. | Dunes. | secs. | humides. | Cultures. | |
| Potentilla reptans *L.* | | | C | C | | | | | | AC | | | | | AC | C | | | AC | C | | |
| P. sylvestris *Neck.* | | | C | C | | | | | | | | | | | | | | | C | C | | |
| P. argentea *L.* | | | | | | | | | | | | | | | | | | | R | | | |
| Geum urbanum *L.* | | | | | | | | | | R | | | | | AR | AR | | | | | | |
| Agrimonia Eupatoria *L.* | | | | | | | | | | AR | | | | | | AC | | | | | | |
| Rosa pimpinellifolia *L.* | | | AC | | | | | | C | C | | | | | | | | | | | | |
| R. canina *L.* | | | | | | | | | | | | | | | | C | | | | | | |
| R. rubiginosa *L.* | | | | | | | | | R | | | | | | | | | | | | | |
| Prunus spinosa *L.* | | | | | | | | | | AC | | | | | | AC | | | | | | |
| P. insititia *L.* | | | | | | | | | | AC | | | | | | | | | | | | |
| *Papilionacées* | | | | | | | | | | | | | | | | | | | | | | |
| Cytisus scoparius *Link.* | | | | | | | | | | | | | | | | | | | C | | | |
| Ononis spinosa *L.* | | | | | | | | | | | | | | | AC | AC | | | | | | |
| O. repens *L.* | | | C | | | | | | C | | | | | | | | | | | | | |
| Medicago Lupulina *L.* | | | C | | | | | | | AC | C | | | | AC | | | | C | | C | |
| M. arabica *All.* | | | | | | | | | | | | | | | AR | | | | | | | |
| M. minima *Link.* | | | | | | | | | | | | | | | RR | | | | | | | |
| M. falcata *L.* | | | | | | | | | | | | | | | RR | | | | | | | |
| Melilotus albus *Desr.* | | | | | | | | | | | | | | | AR | | | | | | | |
| M. altissimus *Thuill.* | | | | | | | | | | | | | | | AR | | | | | | | |
| Trifolium campestre *Schreb.* (T. procumbens *L.*) | | | AC | AC | | | | | | | | | | | | | | AC | AC | | | |
| T. minus *Relhan.* | | | AR | AR | | | | | | | | | | | | | | | C | | | |
| T. scabrum *L.* | | | R | | | | | | | | | | | | R | | | | | | | |
| T. repens *L.* | | | C | C | | | | | | | | | | | | C | | | C | C | | |
| T. fragiferum *L.* | | | | AC | | | | | | | | | | | AC | AC | | | | | | |
| T. arvense *L.* | | | | | | | | | | | | | | | | | | C | C | | | |
| T. pratense *L.* | | | AC | | | | | | | | | | | | | C | | | | | | |
| T. subterraneum *L.* | | | | | | | | | | | | | | | RR (1) | | | | | | | (1) A peut-être disparu. |
| Anthyllis Vulneraria *L.* | | | | | | | | | C | AC | | | | | | | | | | | | |
| Lotus corniculatus *L.* | | | C | C | | | | | C | | | | | | | | | | C | | | |
| L. uliginosus *Schkuhr.* | | | | | | | | | | AC | | | | | | | AC | | | C | C | |
| Ornithopus perpusillus *L.* | | | | | | | | | | | | | | | | | | | C | | | |
| Vicia angustifolia *Roth.* | | | | | | | | | | AR | | | | | | | | AC | AC | | | |
| V. lathyroides *L.* | | | AC | | | | | | AC | | | | | | | | | | C | | | |
| V. Cracca *L.* | | | | C | | | | | | AC | | | | | | C | | | | | | |
| Lathyrus pratensis *L.* | | | | | | | | | | AC | | | | | | C | | | | | | |

| | DUNES LITTORALES. | | | | | | | | | | ALLUVIONS MARINES. | | | POLDERS ARGILEUX. | | | POLDERS SABLONNEUX. | | | | Observations. |
|---|---|---|---|---|---|---|---|---|---|---|---|---|---|---|---|---|---|---|---|---|---|
| | | | Pannes | | Mares | | | | | | | | | | Fossés et canaux. | | | Pâturages | | | |
| | Plage. | Dunes mobiles. | sèches. | humides. | perman. | perman. avec bestiaux. | d'hiver. | Dunes fixées. | Bosquets | Cultures. | Slikke. | Schorre. | Limite supérieure. | Digues et chemins. | Bords. | Eau. | Dunes. | secs. | humides. | Cultures. | |
| GÉRANIALES. | | | | | | | | | | | | | | | | | | | | | |
| *Géraniacées.* | | | | | | | | | | | | | | | | | | | | | |
| **Geranium molle** *L.* | | | | | | | | | AC | C | | | | | | | | | | C | |
| **G. pusillum** *L.* | | | | | | | | C | AC | C | | | | | | | | | | | |
| **Erodium cicutarium** *L'Hérit.* | | | C | | | | | | | | | | | | | | C | C | | C | |
| *Linacées.* | | | | | | | | | | | | | | | | | | | | | |
| **Linum catharticum** *L.* | | | AC | C | | | | | | | | | | | | | | | | | |
| **Radiola linoides** *Roth.* | | | | | | | | | | | | | | | | | | | AR | | |
| *Polygalacées.* | | | | | | | | | | | | | | | | | | | | | |
| **Polygala serpyllacea** *Weib.* | | | | AC | | | | | | | | | | | | | | | | | |
| **P. vulgaris** *L.* | | | AC | | | | | AC | | | | | | | | | | | | | |
| *Euphorbiacées.* | | | | | | | | | | | | | | | | | | | | | |
| **Mercurialis annua** *L.* | | | | | | | | | | C | | | | | | | | | | C | |
| **Euphorbia Helioscopia** *L.* | | | | | | | | | | C | | | | | | | | | | | |
| **E. Paralias** *L.* | | C | | | | | | | | | | | | | | | | | | | |
| **E. Peplus** *L.* | | | | | | | | | | C | | | | | | | | | | C | |
| **E. exigua** *L.* | | | | | | | | | | AC | | | | | | | | | | | |
| *Callitrichacées.* | | | | | | | | | | | | | | | | | | | | | |
| **Callitriche verna** *L.* | | | | | | | | | | | | | | | | C | | | | | |
| **C. stagnalis** *Scop* | | | | | | | | | | | | | | | | C | | | | AC(1) | (1) Fossés entre les champs. |
| MALVALES. | | | | | | | | | | | | | | | | | | | | | |
| *Malvacées.* | | | | | | | | | | | | | | | | | | | | | |
| **Malva sylvestris** *L.* | | | | | | | | | | | | | | AR | AR | | | | | | |
| **M. rotundifolia** *L.* | | | | | | | | | | AR | | | | | | | | | | | |
| PARIÉTALES. | | | | | | | | | | | | | | | | | | | | | |
| *Hypéricacées.* | | | | | | | | | | | | | | | | | | | | | |
| **Hypericum tetrapterum** *Fries.* | | | | | | | | | | | | | | | AC | | | | | | |
| **H. perforatum** *L.* | | | | | | | | | R | | | | | | | | | | | | |

| | DUNES LITTORALES. | | | | | | | | | | ALLUVIONS MARINES. | | | POLDERS ARGILEUX. | | | POLDERS SABLONNEUX. | | | | Observations. |
|---|---|---|---|---|---|---|---|---|---|---|---|---|---|---|---|---|---|---|---|---|---|
| | | | Pannes | | Mares | | | | | | | | | | Fossés et canaux. | | | Pâturages | | | |
| | Plage. | Dunes mobiles. | sèches. | humides. | perman. | perman. avec bestiaux. | d'hiver. | Dunes fixées. | Bosquets. | Cultures. | Slikke. | Schorre. | Limite supérieure. | Digues et chemins. | Bords. | Eau. | Dunes. | secs. | humides. | Cultures. | |
| *Cistacées.* | | | | | | | | | | | | | | | | | | | | | |
| Helianthemum Chamaecistus *Mill.* | | | C | | | | | AR | | | | | | | | | | | | | |
| *Violacées.* | | | | | | | | | | | | | | | | | | | | | |
| Viola odorata *L.* | | | | | | | | | R | | | | | | R | | | | | | |
| V. hirta *L.* | | | | RR | | | | | | | | | | | | | | | | | |
| V. canina *L.* | | | AC | | | | | C | | | | | | | | | C | C | | | |
| V. tricolor *L.* | | | AC | | | | | C | | C | | | | | | | C | C | | C | |
| SAPINDALES. *Eléagnacées.* | | | | | | | | | | | | | | | | | | | | | |
| Hippophaës rhamnoides. *L.* | | AR | C | C | | | | C | C | | | | | | | | | | | | |
| MYRTIFLORALES. *Lythracées.* | | | | | | | | | | | | | | | | | | | | | |
| Lythrum Salicaria *L.* | | | | C | | | | | | | | | | | C | C | | | C | | |
| *Onagracées.* | | | | | | | | | | | | | | | | | | | | | |
| Epilobium hirsutum *L* | | | | | | | | | R | | | | | | AR | | | | | | |
| E. parviflorum *Schreb.* | | | | R | | | | | | | | | | | C | | | | AC | | |
| *Halorrhagidacées.* | | | | | | | | | | | | | | | | | | | | | |
| Myriophyllum verticillatum *L.* | | | | | AR | AC | | | | | | | | | | AC | | | | | |
| Hippuris vulgaris *L.* | | | | | | | | | | | | | | | | AR | | | | | |
| OMBELLIFLORALES. *Ombellacées.* | | | | | | | | | | | | | | | | | | | | | |
| Hydrocotyle vulgaris *L.* | | | | AC | C | C | | | | | | | | | | | | | AC | AC | |
| Eryngium maritimum *L.* | | R | | | | | | | | | | | | | | | | | | | |
| Chaerophyllum temulum *L.* | | | | | | | | | AC | | | | | | | | | | | | |
| Anthriscus sylvestris *Hoffm.* | | | | | | | | | C | | | | | | C | | | | | | |
| A. vulgaris *Pers.* | | | | | | | | | C | CC | | | | | | | | | | | |
| Torilis Anthriscus *Bornh* | | | | | | | | | C | C | | | | | | | | | | C | |
| T. nodosa *Gaertn.* | | | | | | | | | AR | AR | | | | | R | | | | | | |
| Bupleurum tenuissimum *L.* | | | | | | | | | | | | | R | | | | | | | | |
| Apium graveolens *L.* | | | | | | | | | | | | | AC | | AC (1) | | | | | | (1) Eaux saumâtres |

| | DUNES LITTORALES. | | | | | | | | | | ALLUVIONS MARINES. | | | POLDERS ARGILEUX. | | | POLDERS SABLONNEUX. | | | | Observations. |
|---|---|---|---|---|---|---|---|---|---|---|---|---|---|---|---|---|---|---|---|---|---|
| | | | Pannes | | Mares | | | | | | | | | | Fossés et canaux. | | | Pâturages | | | |
| | Plage. | Dunes mobiles. | sèches. | humides. | perman. | perman. avec bestiaux. | d'hiver. | Dunes fixées. | Bosquets. | Cultures. | Slikke. | Schorre. | Limite supérieure. | Digues et chemins. | Bords. | Eau. | Dunes. | secs. | humides. | Cultures. | |
| Apium repens *Reichb.* | . . | . . | . . | RR | . . | RR | . . | | | | | | | | | | | | | | |
| A. nodiflorum *Reichb.* | . . | . . | . . | . . | . . | . . | . . | . . | . . | . . | . . | . . | . . | . . | . . | AC | | | | | |
| Petroselinum segetum *Koch.* | . . | . . | . . | . . | . . | . . | . . | . . | RR | . . | . . | . . | R | R | | | | | | | |
| Pimpinella Saxifraga *L.* | . . | . . | . . | . . | . . | . . | . . | . . | C | | | | | | | | | | | | |
| Sium erectum *Huds.* | . . | . . | . . | . . | . . | AR | . . | . . | . . | . . | . . | . . | . . | . . | . . | C | | | | | |
| Œnanthe fistulosa *L.* | . . | . . | . . | . . | . . | . . | . . | . . | . . | . . | . . | . . | . . | . . | . . | C | | | | | |
| Œ. Lachenalii *C. C. Gmel.* | . . | . . | . . | . . | . . | . . | . . | . . | . . | . . | . . | . . | RR | . . | . . | R (1) | | | | | (1) Eaux saumâtres. |
| Œ. aquatica *Poir.* (Œ. Phellandrium *Link*) | . . | . . | . . | . . | . . | . . | . . | . . | . . | . . | . . | . . | . . | . . | . . | C | | | | | |
| Æthusa Cynapium *L.* | . . | . . | . . | . . | . . | . . | . . | . . | . . | AC | . . | . . | . . | . . | . . | . . | . . | . . | . . | C | |
| Angelica sylvestris *L.* | . . | . . | . . | . . | . . | . . | . . | . . | . . | . . | . . | . . | . . | . . | AC | | | | | | |
| Pastinaca sativa *L.* | . . | . . | . . | . . | . . | . . | . . | . . | C | . . | . . | . . | . . | C | AC | | | | | | |
| Heracleum Sphondylium *L.* | . . | . . | . . | . . | . . | . . | . . | . . | AC | . . | . . | . . | . . | . . | AC | | | | | | |
| Daucus Carota *L.* | . . | . . | . . | . . | . . | . . | . . | . . | . . | . . | . . | . . | . . | C | C | | | | | | |
| ÉRICALES. | | | | | | | | | | | | | | | | | | | | | |
| *Pyrolacées.* | | | | | | | | | | | | | | | | | | | | | |
| Pyrola rotundifolia *L.* | . . | . . | . . | AC | | | | | | | | | | | | | | | | | |
| Monotropa Hypopitys *L.* | . . | . . | . . | RR | | | | | | | | | | | | | | | | | |
| *Ericacées.* | | | | | | | | | | | | | | | | | | | | | |
| Calluna vulgaris *Salisb.* | . . | . . | . . | . . | . . | . . | . . | . . | . . | . . | . . | . . | . . | . . | . . | . . | C | C | C | | |
| PRIMULALES. | | | | | | | | | | | | | | | | | | | | | |
| *Primulacées.* | | | | | | | | | | | | | | | | | | | | | |
| Primula officinalis *Jacq.* | . . | . . | . . | AC | . . | . . | . . | . . | . . | . . | . . | . . | . . | C | AC | | | | | | |
| Samolus Valerandi *L.* | . . | . . | . . | AR | AC | AC | . . | . . | . . | . . | . . | . . | . . | . . | AR | | | | | | |
| Lysimachia Nummularia *L.* | . . | . . | . . | C | . . | . . | . . | . . | . . | . . | . . | . . | . . | . . | C | C | | | | | |
| L. vulgaris *L.* | . . | . . | . . | C | . . | AC | . . | . . | . . | . . | . . | . . | . . | . . | C | . . | . . | . . | C | | |
| Glaux maritima *L.* | . . | . . | . . | . . | . . | . . | . . | . . | . . | . . | . . | C | C | | | | | | | | |
| Anagallis arvensis *L.* | . . | . . | . . | . . | . . | . . | . . | . . | . . | C | . . | . . | AC | . . | . . | . . | . . | . . | C | C | |
| A. tenella *L.* | . . | . . | . . | R | AR | | | | | | | | | | | | | | | | |
| *Plombaginacées.* | | | | | | | | | | | | | | | | | | | | | |
| Armeria maritima *Willd* | . . | . . | . . | . . | . . | . . | . . | . . | . . | . . | . . | C | C | | | | | | | | |
| Statice Limonium *L.* | . . | . . | . . | . . | . . | . . | . . | . . | . . | . . | . . | C | | | | | | | | | |

| | DUNES LITTORALES. | | | | | | | | | | ALLUVIONS MARINES. | | | POLDERS ARGILEUX. | | | POLDERS SABLONNEUX. | | | | Observations. |
|---|---|---|---|---|---|---|---|---|---|---|---|---|---|---|---|---|---|---|---|---|---|
| | | | Pannes | | Mares | | | | | | | | | | Fossés et canaux. | | | Pâturages | | | |
| | Plage. | Dunes mobiles. | sèches. | humides. | perman. | perman. avec bestiaux. | d'hiver. | Dunes fixées. | Bosquets. | Cultures. | Slikke. | Schorre. | Limite supérieure. | Digues et chemins. | Bords. | Eau. | Dunes. | secs. | humides. | Cultures. | |
| CONTORTALES. | | | | | | | | | | | | | | | | | | | | | |
| *Oléacées.* | | | | | | | | | | | | | | | | | | | | | |
| Ligustrum vulgare *L.* | | | AR | | | | | AR | AR | | | | | | | | | | | | |
| *Gentianacées.* | | | | | | | | | | | | | | | | | | | | | |
| Erythraea Centaurium *Pers.* | | | C | C | | | | | | | | | | | | | | | AC | | |
| E. pulchella *Hornem.* | | | | | | | | | | | | | AR | | | | | | | | |
| E. linariifolia *Pers.* (E. littoralis *Auct.*) | | | | AC | | | | | | | | | | | | | | | | | |
| Chlora perfoliata *L.* | | | | R | | | | | | | | | | | | | | | | | |
| Gentiana Amarella *L.* | | | | AR | | | | | | | | | | | | | | | | | |
| TUBIFLORALES. | | | | | | | | | | | | | | | | | | | | | |
| *Convolvulacées.* | | | | | | | | | | | | | | | | | | | | | |
| Convolvulus arvensis *L.* | | | | | | | | C | | C | | | | | AC | | | | | C | |
| Calystegia sepium *R. Br.* | | | | | | | | | AC | AC | | | | | AC | | | | | | |
| C. Soldanella *R. Br.* | | R | | | | | | | | | | | | | | | | | | | |
| *Boraginacées.* | | | | | | | | | | | | | | | | | | | | | |
| Cynoglossum officinale *L.* | | | AR | | | | | AC | AC | | | | | | | | | | | | |
| Anchusa officinalis *L.* | | | | | | | | R | R | | | | | | | | | | | | |
| Symphytum officinale *L.* | | | | | | | | | R | | | | | | R | | | | | | |
| Lycopsis arvensis *L.* | | | | | | | | | | C | | | | | | | | | | AC | |
| Myosotis palustris *Lam.* | | | | | | | | | | | | | | | AR | AR | | | | | |
| M. lingulata *Lehm.* | | | | AC | C | C | | | | | | | | | | | | | | | |
| M. intermedia *Link* | | | AC | | | | | AC | | C | | | | | | | | | | C | |
| M. hispida *Schlecht.* | | | C | | | | | C | | | | | | | | | | | | C | |
| M. versicolor *Sm.* | | | | | | | | | | R | | | | | | | | | | | |
| Lithospermum officinale *L.* | | | | R | | | | | R | | | | | | | | | | | | |
| Echium vulgare *L.* | | | | | | | | | | R | | | | | | | | | | | |
| *Verbénacées.* | | | | | | | | | | | | | | | | | | | | | |
| Verbena officinalis *L.* | | | | | | | | | | | | | | R | | | | | | | |

| | DUNES LITTORALES. | | | | | | | | | | ALLUVIONS MARINES. | | | POLDERS ARGILEUX. | | | POLDERS SABLONNEUX. | | | | Observations. |
|---|---|---|---|---|---|---|---|---|---|---|---|---|---|---|---|---|---|---|---|---|---|
| | Plage. | Dunes mobiles. | Pannes | | Mares | | | Dunes fixées. | Bosquets. | Cultures. | Slikke. | Schorre. | Limite supérieure. | Digues et chemins. | Fossés et canaux. | | Dunes. | Pâturages | | Cultures. | |
| | | | sèches. | humides. | perman. | perman. avec bestiaux. | d'hiver. | | | | | | | | Bords. | Eau. | | secs. | humides. | | |
| *Labiacées.* | | | | | | | | | | | | | | | | | | | | | |
| Ajuga reptans *L.* | | | | AR | | | | | | | | | | | | | | | | | |
| Teucrium Scordium *L.* | | | | RR | | | | | | | | | | | | | | | | | |
| T. Scorodonia *L.* | | | | | | | | | | | | | | | | | | RR | | | |
| Scutellaria galericulata *L.* | | | | | | R | | | | | | | | | | | | | | | |
| Glecoma hederacea *L.* | | | | R | | | | | AC | | | | | | C | | | | | C | |
| Brunella vulgaris *L.* | | | C | C | AC | AC | | | | | | | | | C | | | | C | | |
| Galeopsis Tetrahit *L.* | | | | | | | | | | | | | | | | | | | | AR | |
| Lamium album *L.* | | | | | | | | | R | AC | | | | AC | | | | | | | |
| L. purpureum *L.* | | | | | | | | | | AC | | | | | | | | | | | |
| L. amplexicaule *L.* | | | | | | | | | | | | | | | | | | | | AC | |
| Ballota nigra. | | | | | | | | | R | | | | | AR | | | | | | | |
| Stachys palustris | | | | | | | | | | | | | | | | AR | | | | | |
| Thymus Serpyllum *L.* | | | C | | | | | AC | | | | | | | | | C | C | | | |
| Lycopus europaeus *L.* | | | | AC | | | | | | R | | | | | AC | AC | | | AR | | |
| Mentha arvensis *L.* | | | | | | | | | | C | | | | | | | | | | | |
| M. aquatica *L.* | | | | C | C | C | | | | | | | | | C | | | | AC | | |
| *Solanacées.* | | | | | | | | | | | | | | | | | | | | | |
| Solanum Dulcamara *L.* | | AR | | | | | | R | R | | | | | | AC | | | | | | |
| S. nigrum *L.* | | | | | | | | | | C | | | | AC | | | | | | | |
| *Scrophulariacées.* | | | | | | | | | | | | | | | | | | | | | |
| Linaria vulgaris *Mill.* | | | | | | | | | C | | | | | AC | | | | AC | | AC | |
| Scrophularia aquatica *L.* | | | | | | | | | AC | | | | AC | | C | | | | | | |
| Veronica agrestis *L.* | | | | | | | | | | | | | | | | | | | | C | |
| V. persica *Poir.* | | | | | | | | | | AC | | | | | | | | | | C | |
| V. hederaefolia *L.* | | | | | | | | | | C | | | | | | | | | | | |
| V. Anagallis *L.* | | | | | | R | | | | | | | | | | AC | | | | | |
| V. Beccabunga *L.* | | | | | | | | | | | | | | | | AC | | | | | |
| V. officinalis *L.* | | | AC | | | | | AR | | | | | | | | | | | | | |
| V. Chamaedrys *L.* | | | AC | | | | | AR | AC | | | | | | | | | | | | |
| V. scutellata *L.* | | | | R | | R | | | | | | | | | | | | | | | |
| Euphrasia officinalis *L.* | | | | C | | | | | | | | | | | C | | | | C | | |
| E. Odontites *L.* | | | | | | | | | | | | | | | C | | | | | | |
| Rhinanthus minor *Ehrh.* | | | | | | | | | | | | | | R | | | | | C | | |
| R. major *Ehrh.* | | | | C | | | | | C | | | | | C | C | | | | C | | |

| | DUNES LITTORALES. | | | | | | | | | | ALLUVIONS MARINES. | | | POLDERS ARGILEUX. | | | POLDERS SABLONNEUX. | | | | Observations. |
|---|---|---|---|---|---|---|---|---|---|---|---|---|---|---|---|---|---|---|---|---|---|
| | | | Pannes | | Mares | | | | | | | | | | Fossés et canaux | | | Pâturages | | | |
| | Plage. | Dunes mobiles. | sèches. | humides. | perman. | perman. avec bestiaux. | d'hiver. | Dunes fixées. | Bosquets | Cultures. | Slikke. | Schorre. | Limite supérieure. | Digues et chemins. | Bords. | Eau. | Dunes. | secs. | humides. | Cultures. | |
| *Orobanchacées.* | | | | | | | | | | | | | | | | | | | | | |
| Orobanche caryophyllacea *Sm.* | | | R | | | | | AR | | | | | | | | | | | | | |
| Phelipaea purpurea *Jacq.* | | | RR | | | | | | | | | | | | | | | | | | |
| PLANTAGINALES. | | | | | | | | | | | | | | | | | | | | | |
| *Plantaginacées.* | | | | | | | | | | | | | | | | | | | | | |
| Plantago major *L.* | | | AR | | | | | | AC | C | | | | C | C | | | | | C | |
| P. maritima *L.* | | | | | | | | | | | | C | R | | | | | | | | |
| P. Coronopus *L.* | | | AC | | | | | | | | | | C | AC | | | | | | | |
| P. lanceolata *L.* | | | AC | C | | | | | | C | | | | C | C | | | C | C | C | |
| Littorella uniflora *Aschers.* | | | | | R | | | | | | | | | | | | | | | | |
| RUBIALES. | | | | | | | | | | | | | | | | | | | | | |
| *Rubiacées.* | | | | | | | | | | | | | | | | | | | | | |
| Asperula Cynanchica *L.* | | | AC | | | | | C | | | | | | | | | | | | | |
| Galium Mollugo *L.* | | | AC | | | | | C | C | | | | | C | C | | | | | | |
| G. verum *L.* | | | AC | | | | | C | | | | | | | | | C | C | | | |
| G. saxatile *L.* | | | R | | | | | | | | | | | | | | | | | | |
| G. palustre *L.* | | | | C | | AC | | | | | | | | | | C | | | C | | |
| G. uliginosum *L.* | | | | | | | | | | | | | | | | R | | | | | |
| G. Aparine *L.* | | | | | | | | | | C | | | | | | | | | | | |
| *Caprifoliacées.* | | | | | | | | | | | | | | | | | | | | | |
| Sambucus nigra *L.* | | | AR | | | | | | AR | | | | | | | | | | | | |
| *Valérianacées.* | | | | | | | | | | | | | | | | | | | | | |
| Valerianella olitoria *Poll.* | | | | | | | | | | R | | | | | | | | | | AC | |
| *Dipsacacées.* | | | | | | | | | | | | | | | | | | | | | |
| Dipsacus sylvestris *Mill.* | | | | | | | | | | | | | | AR | AR | | | | | | |
| Knautia arvensis *Coult.* | | | | | | | | | | | | | | | R | | | | | | |
| Succisa pratensis *Moench.* | | | AR | AC | | | | | | | | | | | | | | | AC | | |

| | DUNES LITTORALES. | | | | | | | | | | ALLUVIONS MARINES. | | | POLDERS ARGILEUX. | | | POLDERS SABLONNEUX. | | | | Observations. |
|---|---|---|---|---|---|---|---|---|---|---|---|---|---|---|---|---|---|---|---|---|---|
| | | | Pannes | | Mares | | | | | | | | | | Fossés et canaux. | | | Pâturages | | | |
| | Plage. | Dunes mobiles. | seches. | humides. | perman. | perman. avec bestiaux. | d'hiver. | Dunes fixées. | Bosquets. | Cultures. | Slikke. | Schorre. | Limite supérieure. | Digues et chemins. | Bords. | Eau. | Dunes. | secs. | humides. | Cultures. | |
| CAMPANULALES. | | | | | | | | | | | | | | | | | | | | | |
| *Campanulacées.* | | | | | | | | | | | | | | | | | | | | | |
| Jasione montana *L.* | | | AC | | | | | C | C | | | | | | | | C | C | | | |
| *Cucurbitacées.* | | | | | | | | | | | | | | | | | | | | | |
| Bryonia dioica *Jacq.* | | | | | | | | | AR | | | | | | | | | | | | |
| *Compositacées.* | | | | | | | | | | | | | | | | | | | | | |
| Eupatorium cannabinum *L.* | | | | | | | | | AR | | | | | | AC | | | | | | |
| Bellis perennis *L.* | | | C | C | | | | | | | | | | C | | | | | | | |
| Aster Tripolium *L.* | | | | | | | | | | | | C | R | | R (1) | | | | | | (1) Eaux saumâtres. |
| Erigeron acre *L.* | | | AR | | | | | | | | | | | | AR | | | | | | |
| E. canadense *L.* | | | | | | | | | | C | | | | | | | | | | C | |
| Inula Conyza *Dc.* | | | RR | | | | | | | | | | | | | | | | | | |
| Filago minima *Fries.* | | | | | | | | | | | | | | | | | | AC | | | |
| Gnaphalium luteo-album *L.* | | | | | | | | | | AC | | | | | | | | | | C | |
| G. sylvaticum *L.* | | | | | | | | | | | | | | | | | | AC | AC | | |
| G. uliginosum *L.* | | | | | | | | | | | | | | | | | | | | C | |
| Pulicaria dysenterica *Gaernt.* | | | | R | | | | | AC | | | | | | C | | | | | | |
| Bidens tripartita *L.* | | | | | | | | | | | | | | | | AR | | | | | |
| B. cernua *L.* | | | | | | | | | | | | | | | | RR | | | | | |
| Achillea Millefolium *L.* | | | AC | | | | | C | C | | | | | AC | C | | | C | C | | |
| Anthemis arvensis *L.* | | | | | | | | | | | | | | | | | | | | AR | |
| Matricaria Chamomilla *L.* | | | | | | | | | | C | | | | | AC | | | | | | |
| M. inodora *L.* | | | | | | | | | | | | | C | C (1) | AC (1) | | | | | | (1) Eaux saumâtres. |
| Chrysanthemum Leucanthemum *L.* | | | | AC | | | | | | | | | | | C | | | | | | |
| C. vulgare *Bernh.* (Tanacetum *L.*) | | | | | | | | | | | | | | R | | | | | | | |
| Artemisia maritima *L.* | | | | | | | | | | | | AR | AC | | | | | | | | |
| A. vulgaris *L.* | | | | | | | | | R | | | | | R | | | | AC | | | |
| Tussilago Farfara *L.* | | | | | | | | | | | | | | | C | | | | | | |
| Senecio vulgaris *L.* | | | | | | | | | | C | | | | | | | | | | C | |
| S. sylvaticus *L.* | | | | | | | | | | | | | | | | | | R (1) | | | (1) Endroits boisés. |
| S. Jacobaea *L.* | | | C | AC | | | | C | C | | | | | | AC | | C | C | | C | |
| S. erucaefolius *L.* | | | | | | | | | AR | | | | | | AR | | | | | | |
| Onopordon Acanthium *L.* | | | | | | | | | R | R | | | | | | | | | | | |

| | DUNES LITTORALES. | | | | | | | | | | ALLUVIONS MARINES. | | | POLDERS ARGILEUX. | | | POLDERS SABLONNEUX. | | | | Observations. |
|---|---|---|---|---|---|---|---|---|---|---|---|---|---|---|---|---|---|---|---|---|---|
| | | | Pannes | | Mares | | | | | | | | | | Fossés et canaux. | | | Pâturages | | | |
| | Plage. | Dunes mobiles. | sèches. | humides. | perman. | perman. avec bestiaux. | d'hiver. | Dunes fixées. | Bosquets. | Cultures. | Slikke. | Schorre. | Limite supérieure. | Digues et chemins. | Bords. | Eau. | Dunes. | secs. | humides. | Cultures. | |
| Carlina vulgaris *L.* | | | | AC | | | | | | | | | | | | | | | | | |
| Arctium majus *Bernh.* | | | | | | | | | AC | | | | | AR | AC | | | | | R | |
| Cirsium lanceolatum *Hill.* | | | AR | | | | | | | | | | | | AC | | | | AR | | |
| C. acaule *Web.* | | | AR | | | | | | | | | | | RR | | | | | | | |
| C. arvense *Scop.* | | | | | | | | | | C | | | | | C | | | | | AC | |
| C. palustre *Scop.* | | | | AR | | | | | | | | | | | | | | | AR | | |
| Centaurea Jacea *L.* | | | C | AC | | | | | C | | | | | | AC | | | C | C | | |
| Lapsana communis *L.* | | | | | | | | | AC | | | | | | | | | | AC | | |
| Hypochoeris radicata *L.* | | | AC | | | | | C | | | | | | AR | | | C | C | | | |
| H. glabra *L.* | | | | | | | | | | | | | | | | | | | | AR | |
| Arnoseris minima *Dmrt* | | | | | | | | | | | | | | | | | | | | AR | |
| Leontodon autumnalis *L.* | | | C | | | | | C | | | | | | | AC | | C | C | | C | |
| L. (Thrincia) hirtus *L.* | | | C | | | | | C | | | | | | | | | C | C | | | |
| Picris hieracioides *L.* | | | | | | | | | | | | | | R | | | | | | | |
| P. echioides *L.* | | | | | | | | | | | | | | R | | | | | | | |
| Tragopogon pratensis *L.* | | | | AR | | | | | AC | | | | | AC | AC | | | | | | |
| T. porrifolius *L.* | | | | | | | | | | | | | | R | | | | | | | |
| Taraxacum officinale *Weber.* | | | AR | | | | | | AC | C | | | | C | C | | | | C | C | |
| Sonchus oleraceus *L.* | | | | | | | | | | C | | | | | | | | | | C | |
| S. asper *Hill.* | | | | | | | | | | C | | | C | | | | | | | C | |
| S. arvensis *L.* | | | | | | | | | | C | | | | | AC | | | | | | |
| Crepis virens *L.* | | | C | | | | | C | | | | | | | AC | | C | C | | C | |
| Hieracium Pilosella *L.* | | | C | | | | | C | | | | | | | | | C | C | | | |
| H. umbellatum *L.* | | | C | | | | | C | AR | | | | | | AC | | C | | | | |

# TABLE DES MATIÈRES

1. — Les participants à la cinquantième herborisation
de la Société royale de Botanique de Belgique, le 23 juin 1912, à Lombartzyde.

2. — La bruyère de Westende avec *Calluna vulgaris* et *Cytisus scoparius*.
Au loin, à gauche, le village de Westende : à droite, Westende-Bains. — Juin 1912

3. — Dunes naissant sur la plage, à Coxyde.
Les plus petites, derrière les touffes d'*Agropyrum junceum;* les plus grandes, derrière les Oyats. — Août 1912.

4. — Fosse creusée par le vent, entre les dunes, à Coxyde Elle commence à être colonisée par les Oyats. — Août 1912

5. — Dunes mouvantes, à La Panne.

A l'avant-plan, dune se déplaçant vers la gauche; à sa droite, le fond qu'elle a quitté se peuple de *Carex trinervis*. Au loin, grande dune blanche. — Août 1912.

6. — Le fond plat devant la grande dune blanche (voir phot 5).

A l'avant-plan, *Carex trinervis,* jusqu'auprès du premier enfant. — Puis, surface nue avec quelques touffes d'*Agrostis alba maritima,* jusqu'au deuxième enfant, qui se trouve sur la trace laissée par une ancienne panne (voir phot. 9). — Puis, talus (vers le vent) de la grande dune blanche, jusqu'au troisième enfant qui est sur le faite (voir phot. 10). — A La Panne, septembre 1912.

7. — Fond plat devant une dune mouvante qui a été fixée par des lignes de rameaux d'Argousiers.
Sur le fond, mottes d'*Agrostis alba maritima* et quelques touffes d'Oyats sur les tas de sable un peu plus élevés. — A La Panne, septembre, 1912.

8 — Fond plat devant une dune en mouvement, assez profond pour être immergé par les pluies de l'été 1912.

Dans l'eau et au bord immédiat, *Carex acuta*. — Puis, auprès des enfants, ceinture de *Salix repens*. — Puis, ceinture de *Carex trinervis*. — Enfin, ceinture d'*Agrostis alba maritima*. — A La Panne, septembre 1912.

9. - Talus de la dune
et bord du fond plat de la phot. 8.

*f.* *Salix repens* encore vivants, sur la crête de la dune. Ils sont la continuation directe de ceux qui vivaient dans la panne avant la la formation de la dune.

*e.* Stratification de la dune.

*d* Restes des *Salix repens* qui vivaient dans cette panne et qui se sont élevés en même temps que la dune.

*c.* Angle du fond et du talus, avec le sol, imprégné d'humus, d'une ancienne panne qui avait été recouverte ultérieurement par la dune.

*b.* Ceinture d'*Agrostis alba maritima.*

*a* Ceinture de *Carex trinervis*.

10. — Le faîte de la grande dune blanche, à La Panne, avec quelques Oyats.
Les bandes blanches sont formées de débris de coquillages. — Août 1912.

11. — Versant sous le vent de la grande dune blanche de La Panne,
envahissant une panne couverte de Saules rampants; ceux-ci restent vivants malgré l'ensablement. — Août 1912.

14 — Limite des dunes et des polders, à Coxyde.
Les dunes sont fixées par la végétation et portent même de petits bouquets de Peupliers.
Dans les polders, rangées de Peupliers et de têtards. — Août 1912.

15. — Une dune échancrée, à Coxyde
Les bords de la cuvette sont taillés à pic. La stratification de la dune est mise à nu. Devant, plantations du Terrain expérimental.
Août 1912.

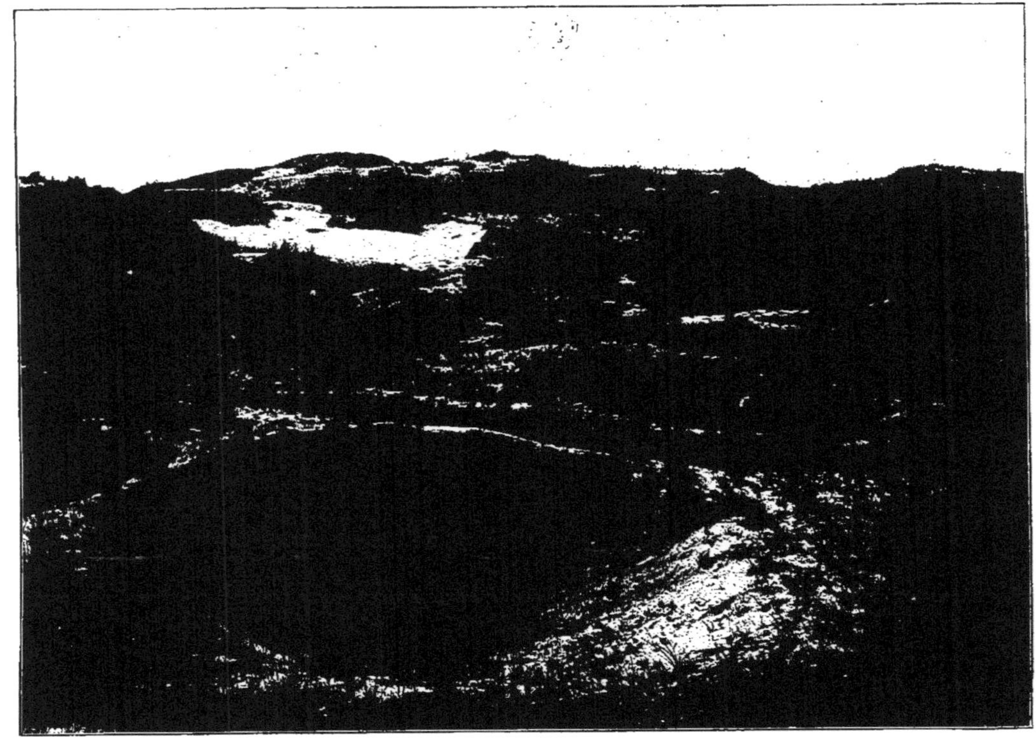

16. — Dunes fixées, avec échancrures de divers âges, à Coxyde.

Devant, cuvette commençant à se garnir d'une nouvelle végétation. Au deuxième plan, cuvettes plus récentes. Au loin (à droite du milieu), plusieurs talus en forme de croissant qui sont les bords d'anciennes cuvettes entièrement envahies par la végétation. — Septembre 1912

17. — Une cuvette dont le creusement est arrêté (sauf tout près des enfants) depuis quatre ans ; la végétation est en train de l'envahir.
Dans le Terrain expérimental de Coxyde. — Septembre 1912.

18. — Devant (à gauche, et au deuxième plan (à droite), deux cuvettes entièrement colonisées par la végétation.
Au deuxième plan (à gauche) cuvette récente en voie de creusement, mais où la végétation commence déjà à envahir le bord inférieur.
Dans le Terrain expérimental de Coxyde. — Septembre 1912.

B

19. — Pannes cultivées, à Coxyde.

Petites fermes, toutes orientées avec la façade vers le Sud. Brise-vent de Peupliers et d'Aunes entre les champs.
A droite, la base du Hoogenblikker. Au loin, les villas de Coxyde-Bains. — Août 1912.

**20.** — Les polders au S.-W. du Zwarte Duin, à La Panne.
Devant, Pins sylvestres et Peupliers blancs déjetés par le vent (voir phot 39) — Août 1912

**21.** — Les polders entre Coxyde et Wulpen.
couverts d'un brouillard bas d'où émergent les rangées d'arbres A gauche, le clocher de Wulpen.
Septembre **1912.**

22. — Les polders entre Coxyde et Furnes.
Prairie bordée de têtards, qui sont surtout des Saules blancs *(Salix alba)* avec quelques Peupliers du Canada *(Populus monilifera)*. — Septembre 1908.

23. — Ormes (*Ulmus campestris*)
déformés par les vents de N.-W., et têtards de Saule blanc (*Salix alba*), à Coxyde.
Septembre 1908.

24 — Coupe verticale dans une dune, montrant la stratification ainsi que les tiges d'Oyats successivement ensablées : les Oyats vivaient déjà à cette place quand la dune était toute petite. A Coxyde. — Août **1912.**

25. — Action du vent chargé de sable, passant à travers le feuillage flexible de l'Oyat : dépôt de sable derrière les touffes. — A Coxyde. — Août **1912.**

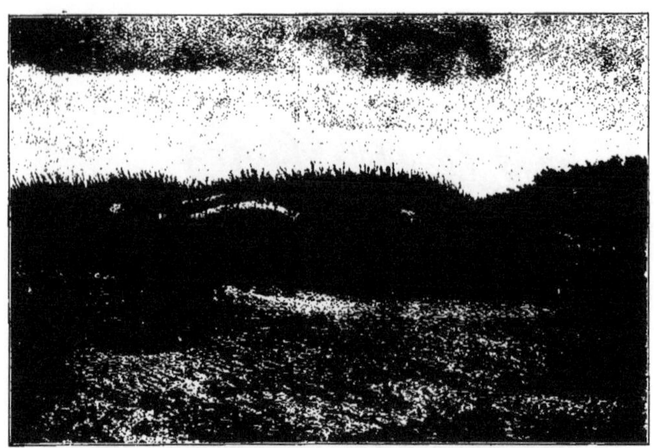

26. — Action du vent chargé de sable, passant à travers les branches raides du Saule rampant : dépôt de sable à la fois dans et derrière les touffes. — A Coxyde. — Août 1912.

27. — Action du vent chargé de sable, heurtant un talus abrupt : le talus est entamé, avec mise à nu de la stratification et des racines ; une fosse est creusée devant le talus ; enfin, un dépôt se produit devant la fosse. — A Coxyde. — Août 1912.

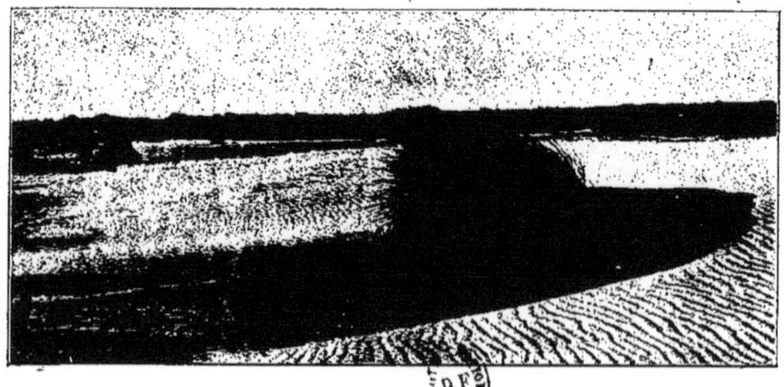

28. — Action du vent chargé de sable, sur une butte couronnée d'Oyats, placée dans le dépôt qui se forme derrière une dune mouvante : une fosse est creusée devant la butte ; derrière elle se produit un dépôt. — A Coxyde. - Août 1912.

29. — *K. c.*, *Koeleria cristata arenaria*; *H. u.*, *Hireacium umbellatum*; *T. m.*, *Thalictrum minus dunense* ayant vécu sur des dunes qui s'ensablaient. Des bouts de feuilles d'Oyat marquent les niveaux successifs du sol pour chaque individu. — A Coxyde. — Août 1912.

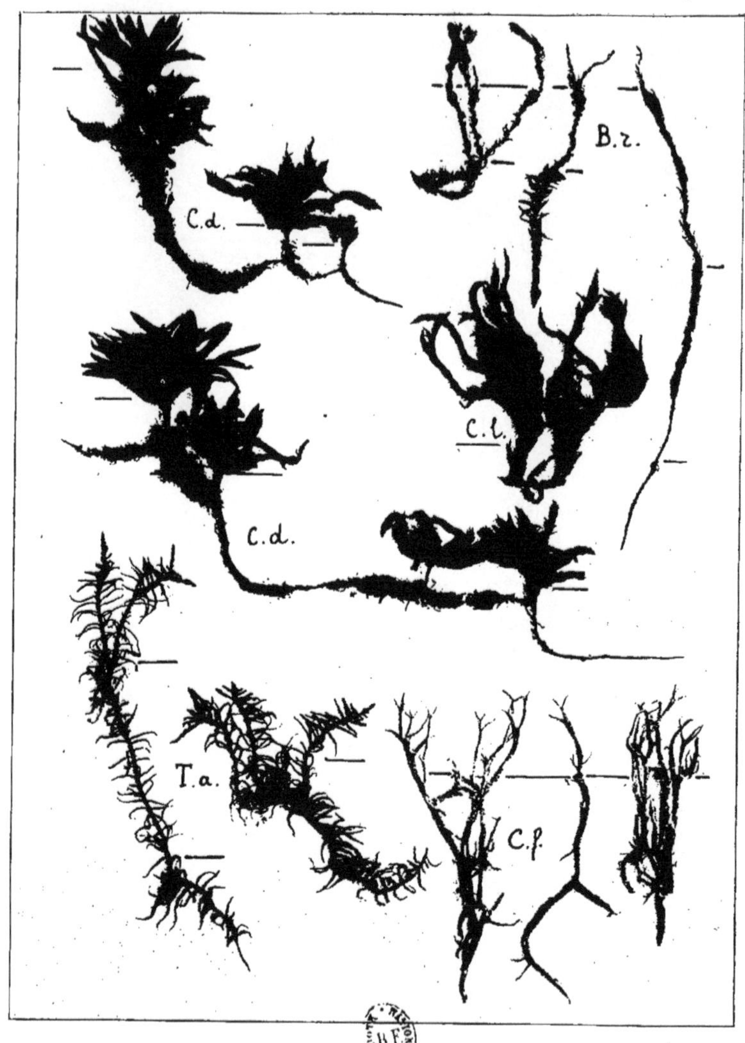




30. — *C. d.*, *Climacium dendroides*; *B. r.*, *Barbula ruralis*; *C. l.*, *Camptothecium lutescens*; *T. a.*, *Thuidium abietinum*; *C. f.*, *Cladonia furcata*
ayant vécu dans une panne sèche qui s'ensablait. Des traits horizontaux marquent les niveaux successifs du sol pour chaque individu.— Grandeur naturelle — A Coxyde. – Août 1912.

31. — Dunes mobiles entre Nieuport et Oostduinkerke.
Devant, crête d'une grande dune blanche. Au loin, les polders. — Septembre 1908.

32. — Buisson de *Sambucus nigra*, au bas du versant d'aval de la grande dune blanche de La Panne. (Phot. 11.)
Ses feuilles ont été arrachées et déchiquetées par une tempête de W.-N.-W. — Septembre 1908.

33. — Peupliers (*Populus monilifera*) secoués par le vent dans le Terrain expérimental du Jardin botanique, à Coxyde. — Septembre 1908.

34. — Buissons de Peuplier sur une dune du Terrain expérimental du Jardin botanique, à Coxyde. — Septembre 1904.

35. — Champs entre les dunes littorales, à Coxyde,
bordés de brise-vent en Peupliers (*Populus monilifera*). Sur la terre fraîchement labourée, on a déposé des rameaux de Peuplier pour empêcher l'enlèvement du sable par le vent. Au loin, le Hoogenblikker. — Avril 1907.

36. — Petite ferme, dans les dunes de La Panne, ombragée d'Ormes champêtres. Septembre 1910. — Phot. M^lle^ A. Delvigne

37. Taillis d'Aunes dans une panne entre les dunes, au pied du Hoogenblikker, à Coxyde
Avril 1908.

38. — Pins maritimes âgés d'une trentaine d'années, sur le Hoogenblikker Septembre 1909.

39. — Peupliers blancs et Pins sylvestres, déjetés par les tempêtes de W.-N.-W. sur le versant continental du Zwarte Duin, à La Panne. — Avril 1909.

40. — Peupliers (*Populus monilifera*) entre les polders et les dunes, à Coxyde. Août 1909.

41. — Balai de sorcière provoqué par un Champignon parasite (*Taphrina Insititiae*) sur un Prunier sauvage (*Prunus insititia*), à Coxyde. — Septembre 1910.

42. — Feuilles de Peuplier du Canada (*Populus monilifera*) déformées par un Champignon parasite (*Taphrina aurea*), dans les dunes, à Coxyde. — Juin 1909.

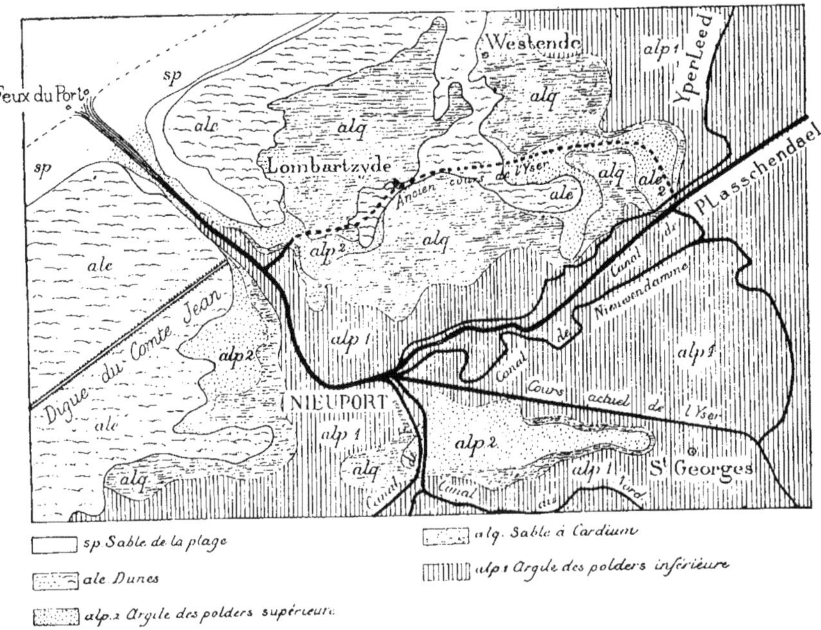


43. — Carte géologique des environs de Nieuport et de Westende, d'après la carte géologique au 40,000ᵉ.

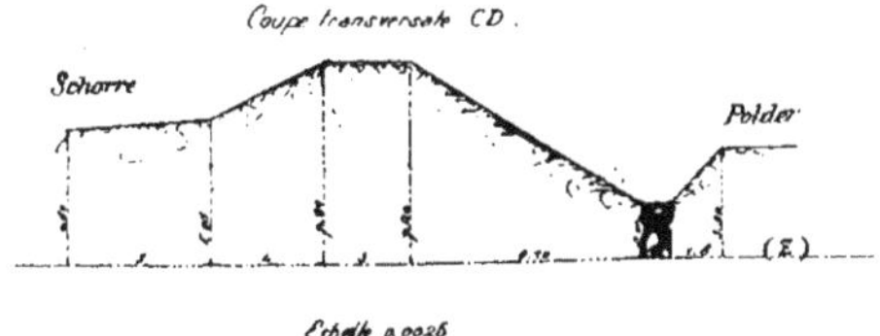


44. — Digue entre le schorre et le polder, à droite de l'estuaire de l'Yser, à Nieuport. Les hauteurs sont rapportées au niveau moyen des marées basses de vive eau, à Ostende.

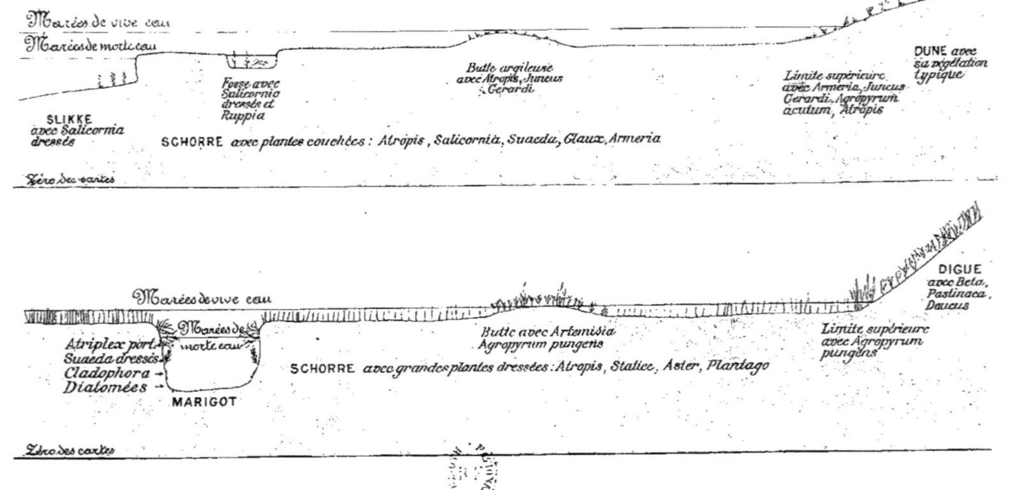


45. — Coupes schématiques à travers les schorres de l'estuaire de l'Yser :
En haut, schorre à végétation rase, maintenant détruit pour l'établissement du jeu de golf; en bas, schorre à végétation haute.

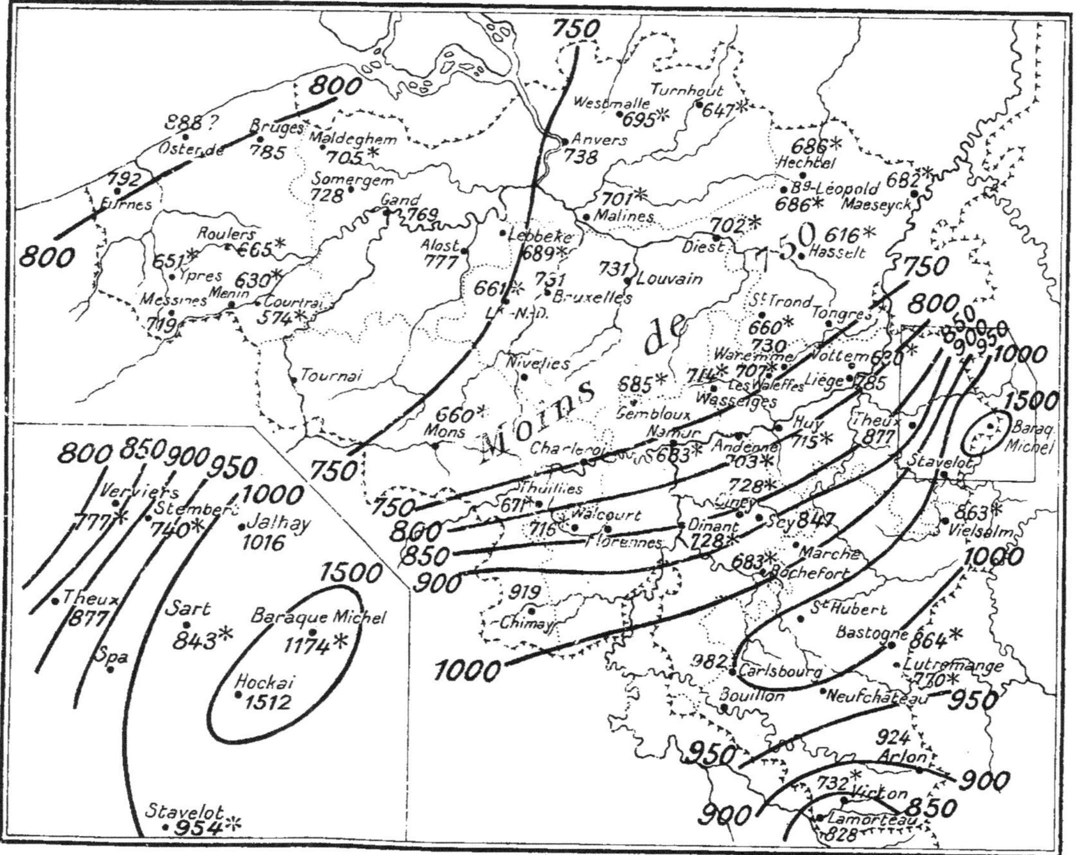


49. — La pluie en Belgique, d'après M. Vincent.
Les nombres suivis de ? sont probablement trop forts ; les nombres suivis de * sont trop faibles.

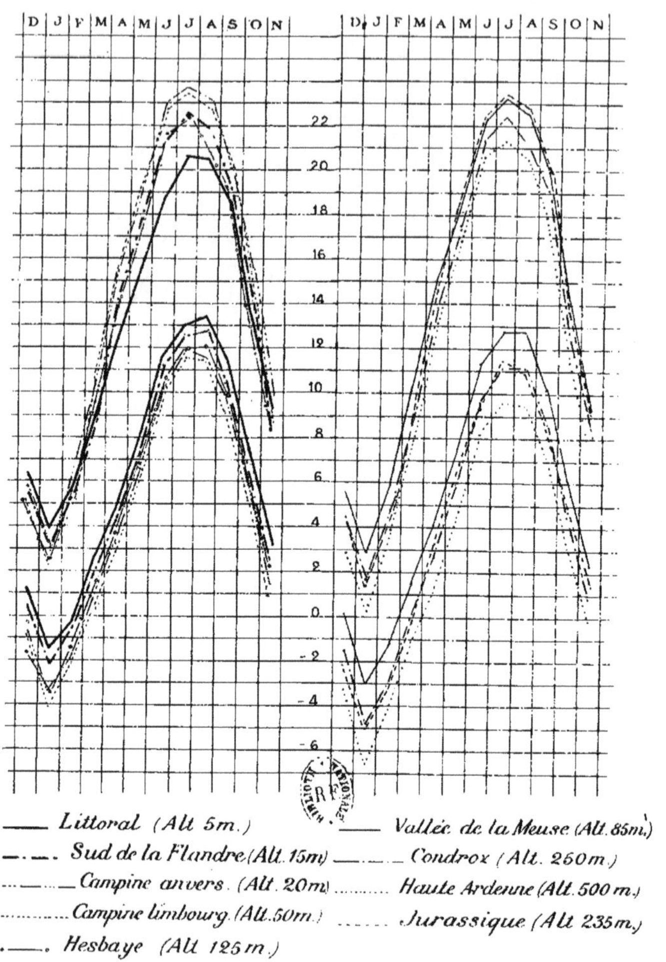


30. — Les températures maxima et minima des diverses parties de la Belgique.
D, J, F = décembre, janvier, février.
A gauche, le littoral et les plaines; à droite, le pays accidenté.

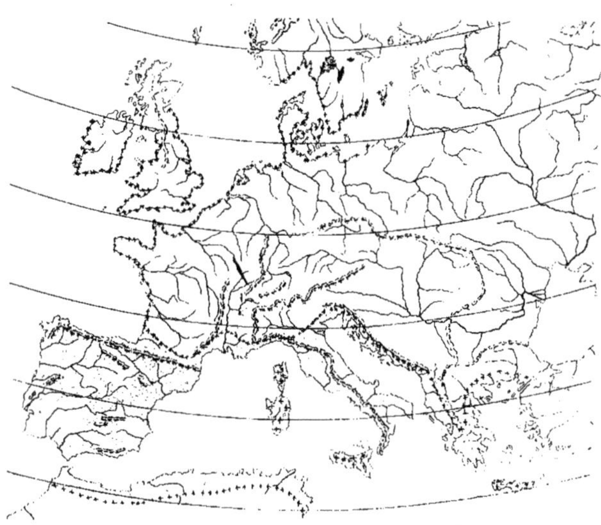

51. — La distribution de *Phleum arenarium*.
Dans le Midi de l'Europe, l'espèce habite tous les terrains sableux, aussi bien à l'intérieur que sur la côte; au Nord-Ouest, elle est limitée au littoral.

52. — Coupe longitudinale de la pointe d'un rhizome traçant de *Carex arenaria*.

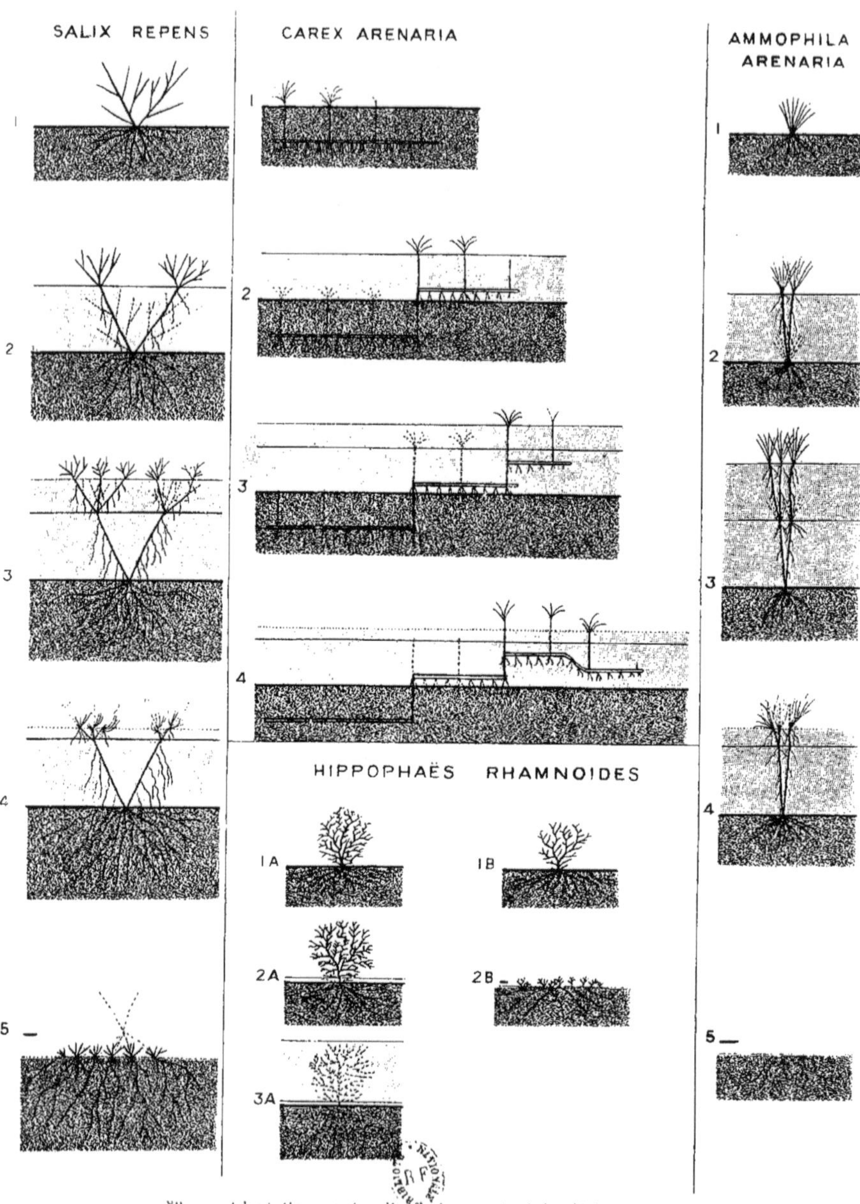



53. — Adaptation contre l'enfouissement et le déchaussement.
La teinte foncée indique le sol primitif; la teinte claire, le sable nouvellement apporté.
Les organes qui meurent sont dessinés en pointillé.

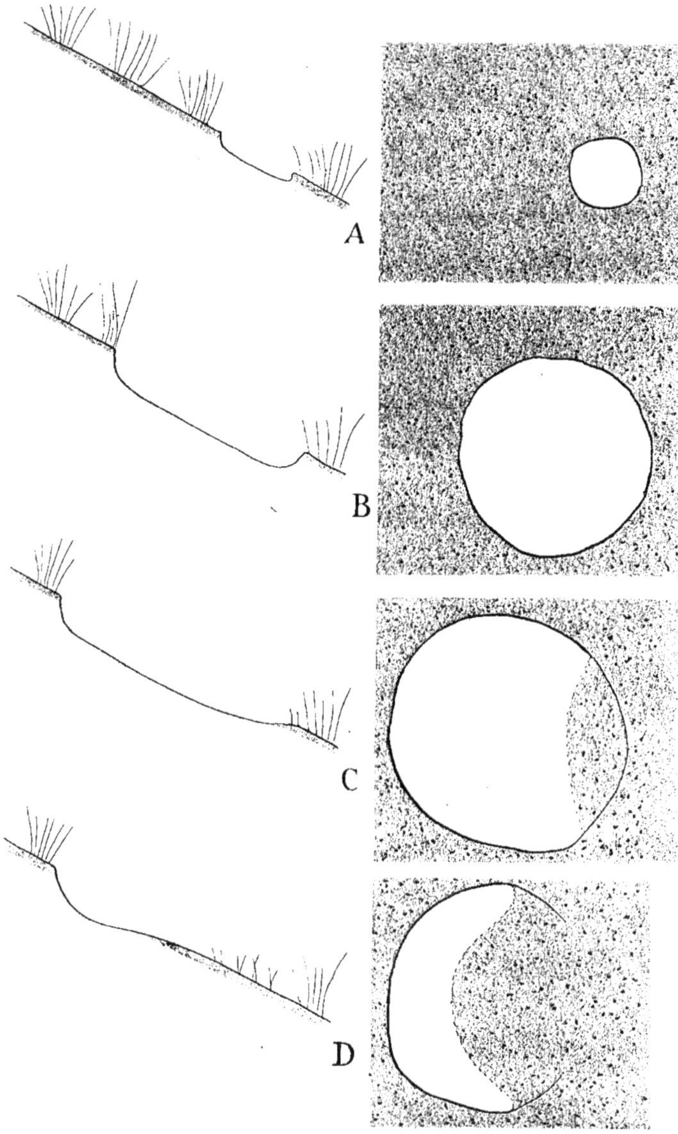


54. — Étapes du creusement d'une cuvette sur le flanc d'une dune fixée.
A gauche, profil de la cuvette et de la dune; à droite, leur plan au même stade.
Le vent est supposé soufflant de droite.

A. Début du creusement.

B. Creusement plus avancé; il a surtout progressé vers la gauche, c'est-à-dire vers le haut de la dune.

C. Du sable se dépose derrière le bord inférieur; les bords supérieur et latéraux sont seuls restés abrupts.

D. La plus grande partie de la cuvette est comblée : il n'en reste qu'un croissant délimité par le talus du bord supérieur.

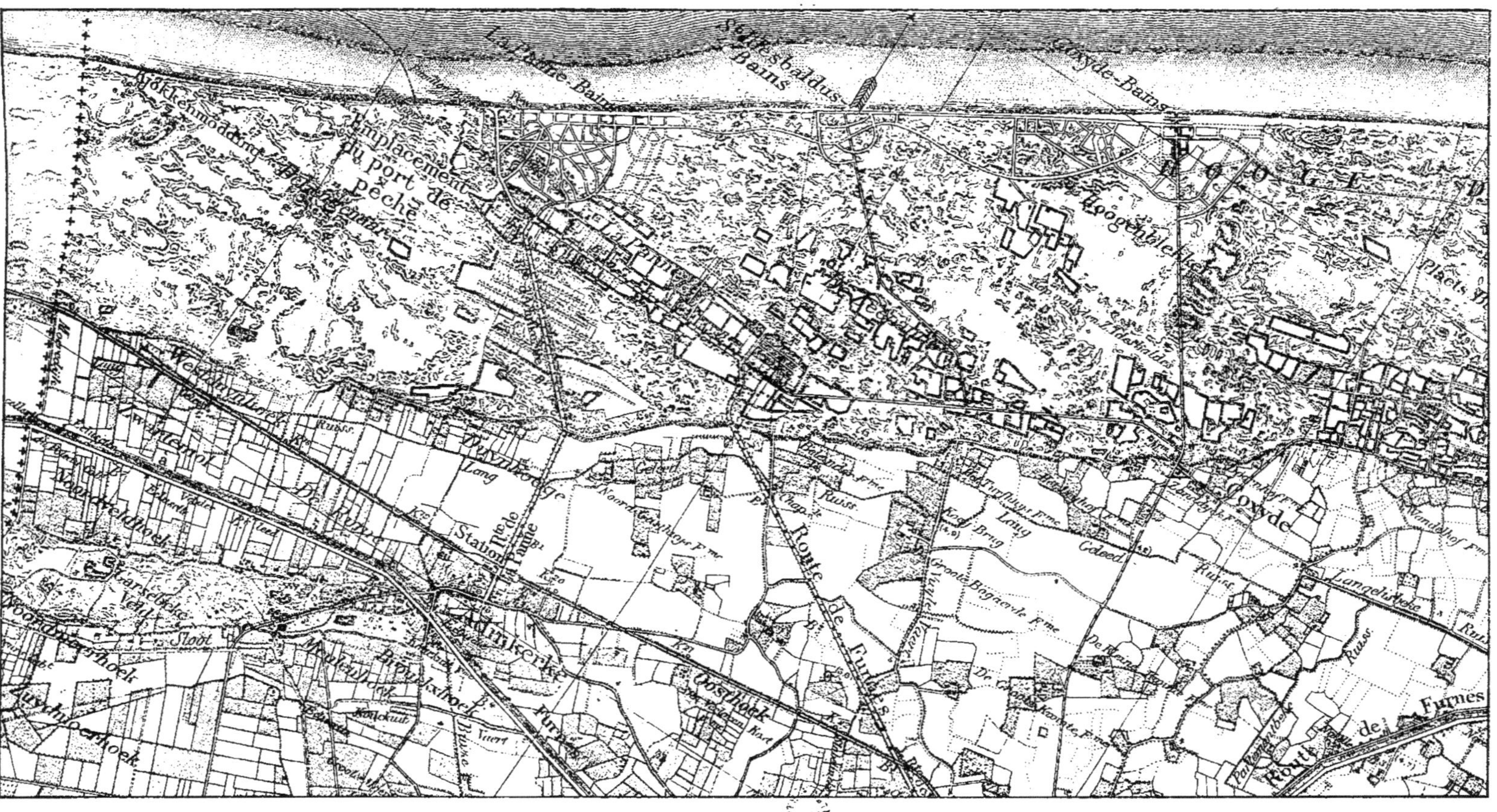


LE LITTORAL BELGE, DE COXYDE A LA FRONTIÈRE FRANÇAISE, *en 1912.*    ÉCHELLE : $\frac{1}{40\,000}$

LE LITTORAL BELGE, DE COXYDE A LA FRONTIÈRE FRANÇAISE, *en 1862*. ÉCHELLE : $\frac{1}{40\,000}$

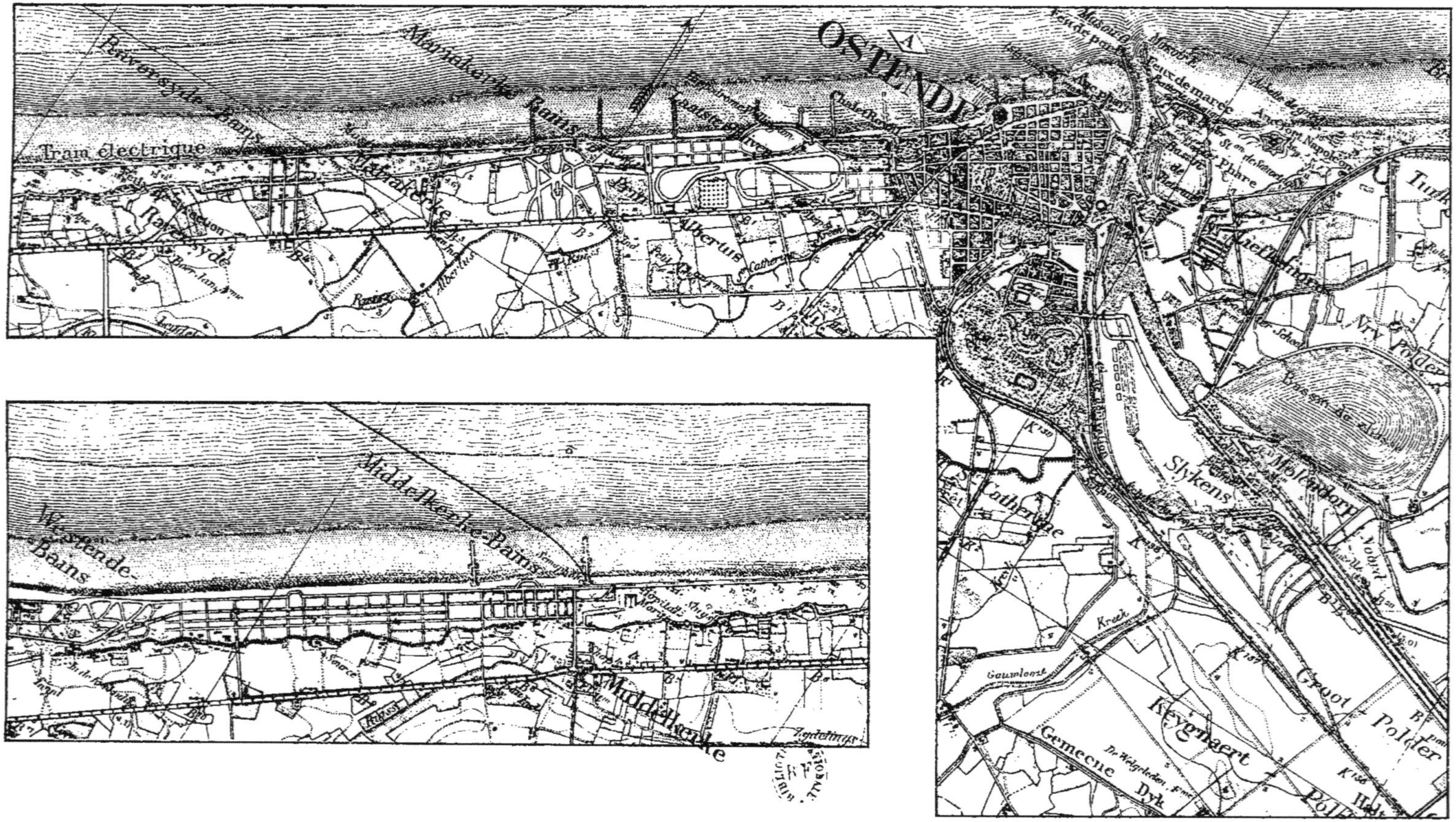
Ostende
Mariakerke-Bains
Raversyde-Bains
Tram électrique
Raversyde
Mariakerke
Albertus
Slykens
Groot Polder
Keygnaert
Gemeene Dyk
Ste Catherine
Nry Polder
Middelkerke-Bains
Westende-Bains
Middelkerke

LE LITTORAL BELGE, D'OSTENDE A WESTENDE, *en 1912.*

ÉCHELLE : $\frac{1}{40\,000}$

LE LITTORAL BELGE, D'OSTENDE A WESTENDE, *en 1862.*

ÉCHELLE : $\frac{1}{40\,000}$

www.ingramcontent.com/pod-product-compliance
Ingram Content Group UK Ltd.
Pitfield, Milton Keynes, MK11 3LW, UK
UKHW012039240726
13965UKWH00003B/914

9 782013 504034